# 愉しい干潟学

ジポーリン福島菜穂子
＋
小倉雅賞

【イラスト】
浪本晴美
【写真】
松下景太

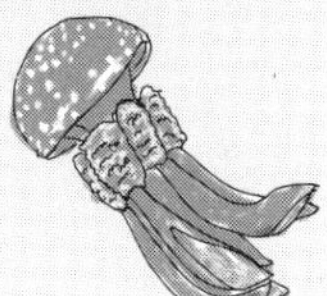

八坂書房

Masami Ogura
&
Nahoko Fukushima Ziporyn

*Amazing Tidal Flats Studies*

Illustration: Harumi Namimoto
Photograph: Keita Matsushita

First publishing by
YASAKASHOBO INC, 2014

# はじめに

干潟学です。この本でいう「干潟学」というのは、地質学や海洋学などの専門区分名ではないのです。どんな学問にしたいのかというと、いろいろな角度や、多方面の学問領域から、「いのち」を考えていきたいのです。ここで、「生きていく」のは、私たち、ヒト科は、もちろんのこと、私たちが生きていく上で関わっていく、あるとあらゆる「いのち」のことです。その「いのち」同士の寄り添い合い、関わりあいを観察、調査し、考えていくのです。感じていくのです。

干潟を訪れてみてください。とても地味に見える砂地に、それはたくさんの「いのち」が育まれていることがわかります。そのひとつひとつの生命が、お互いに影響しあって、いのちが綿々と続いていきます。たとえば、夏の日であれば、到着したときには、わずかな砂地で、海面がすぐそこであったのに、カニと戯れ、ヨシ原でかくれんぼをしている間に、どんどん潮が引いていきます。海の遠くの向こう岸に見えていたところまで、歩いていけそうです。いや、歩いていけるのです。澪筋《みおすじ》にそって歩いていけば、さらに、

いろいろな生きものに出会います。そして、陸地にもどり、観察日記をまとめたり、お弁当やおやつなどをいただいている間に、なんと、海面は、再びすぐそばまで迫ってきます。干潟を歩いた足跡など、あとかけらもなく、海の水の下です。まるで、地球が私たちと一緒に呼吸をしているかのようです。もちろん、月の引力がその理由ですが。その光景は、何と言えばよいか。地球もとびこえ、宇宙の力を感じ、その中で、さまざまな生きものとともに「生きている」ことを実感できます。こういうことを、生物学、文学、美学、人類学、いろいろなツールから、明らかにしていこう、人と自然の寄り添い方を学ぼう、味わおう、というのが、「干潟学」です。

本書は、特に、三浦半島にある小網代《こあじろ》の干潟での活動、調査記録です。各地の干潟との共通点も多いでしょうし、異なっていることもありましょう。小網代の森と干潟について、詳しくは、巻末一四四頁をご参照ください。

# ◆愉しい干潟学◆ 目次

…ジポーリン福島菜穂子

…小倉雅實

# そもそも、干潟ってなんだろう？

## …小網代湾の場合…

小網代《こあじろ》湾の干潟周辺では狭い範囲に非常に多くのカニが暮らしています。これは干潟周辺の生態的環境の多様性のためであると、岸由二先生の『奇跡の自然』で解説されています。干潟は自然の生態系では湿地生態系に含まれています。

湿地の定義は「自然のものの人工的なものも含み、また永続的なものか一時的なものか、水が滞留しているか流れているか、あるいは淡水であるか汽水であるか、塩水であるかにかかわらず、湿原や沼沢地、泥炭地、あるいは河川や湖沼などの水域で、水深が干潮時に六メートルを超えない海域を含む」とされています。

この湿地生態系の保護、保全のために、一九七一年イランのカスピ海湖畔のラムサールで開かれた国際会議で採択された条約がラムサール条約「特に水鳥の生息地として重要な湿地に関する条約」です。干潟とは潮が満ちているときには海面の下に沈み、潮が引くと干上がり陸地になる砂や泥が広がっている場所のことをいいます。干潟は河口干潟、前浜干潟、入り江干潟、潟湖干潟などさまざまなタイプに分けられています。また干潟の底質により砂干潟、泥干潟、混合干潟などと呼ぶこともあります。

小網代湾の干潟はタイプとしては入り江干潟ですが、小さな浦の川の河口にできた小さな河口干潟とも考えられます。底質は砂干潟、混合干潟、泥干潟とさまざまの場所があり、干潟上部には転石帯もあります。三浦半島には小網代の干潟（およそ四ヘクタール）と同じくらいの干潟はいくつかありますが、生物の生息環境が連続的に変化するエコトーンにより森から干潟、海までがつながっている場所は他にありません。

小網代湾の干潟と海には、森からおもに浦の川を経由してたくさんの栄養豊富な淡水が流入します。したがって小網代湾の塩分濃度は外洋の相模湾よりも低くなっています。外洋の塩分濃度は三三～三八パーミル★ですが、満潮時の干潟では三一～三三パーミルです。アマモ場では最低二八パーミル、最高三六パーミル、平均三二～三三パーミルです。干潮時河口の石橋下流の澪筋《みおすじ》（潮が満ち引きするときに水が流れる、曲がりくねった小さな川）では季節によっては四～八パーミルと非常にあまい海水となりますが、澪筋の流れの中でも底近くや砂泥中では、表面の流れほど低濃度となることはありません（グラフ参照）。通常海岸に暮らす生きものの生息域は温度、底質、潮汐《ちょうせき》（潮の満ち引き）、海流、塩分濃度、光、栄養塩類、溶存酸素濃度など多くの要因によって影響を受けます。

さまざまな底質と塩分濃度、そして多様な環境を作るアシやアイアシの群落、干潟から続く岩場など、小網代湾の干潟周辺の生態的環境の多様性は、そこに暮らしているいろいろな種類の生きものと出会うことでよくわかります。

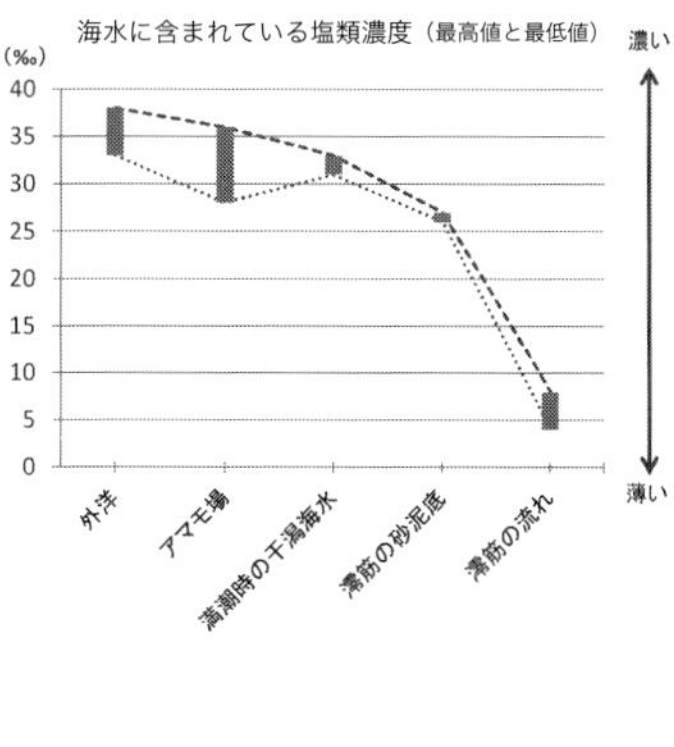


★――通常海水に含まれている塩類の濃度をあらわすには海水一〇〇〇グラムの中に含まれている塩類（約六八パーセントが塩化ナトリウム）の総和を千分率で示します。たとえば、一〇〇〇グラムの海水に三五グラムの塩類が含まれているときには塩分三五パーミル、または塩分三五といい、三五‰（三・五％）と書きます。ちなみに、ティースプーン一杯の食塩は約五グラムです。

# 待て、待て、マテ貝、潮はもう満ちたかい？

潮が引いている干潟に立つと、プツ、プツ、プツプツという音が、足下から聞こえてきます。干潟が、たくさんの命を育んでいる音なのでしょう。潮の引いた干潟は、まるであたり一面の泥で、一見して地味ですが、このはてしなく広がる泥の海に、それは、たくさんの住人が棲んでいます。

そして、この干潟は、海水の浄化にも、とても大きな役割を果たしています。干潮満潮のサイクルの中で、菌に助けられながら窒素と酸素をやりとりすることによって、自然の浄化作用が生まれるそうです。また、この干潟に棲む二枚貝や小さな生きもの（底生生物）が有機物を分解して、さらに、水をきれいにしてくれています。こうした生きものをねらって、魚や鳥もやってきます。もちろん、アマモも繁茂します。さまざまな生きもののゆりかごです。

二枚貝といえば、アサリやハマグリの、あの扇のような丸い柔らかい輪郭が、すぐ思い浮かびますが、なかにはこんな二枚貝もいます。細長くて四角いマテ貝です。貝殻を干潟で、ごくたまに見つけることができます。その形からカミソリ貝とも呼ばれます。



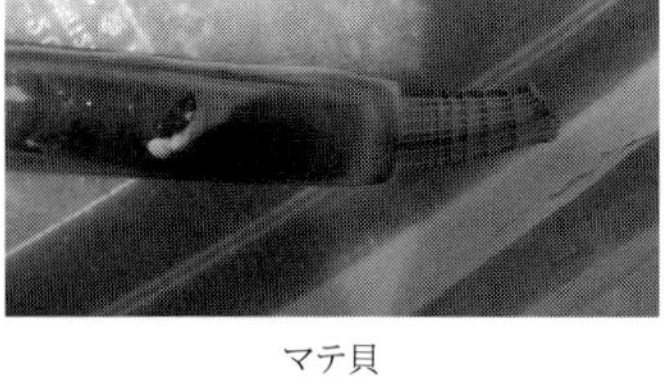

マテ貝

英語でも、発想は同じなのでしょうね。レイザー・クラム (razor clam) とか、ジャックナイフ・クラム (jackknife clam) と呼ばれています。確かに、貝殻は、理髪店で見かけるような剃刀に似ています。

マテ貝の「マテ」にはいろいろ言われがあります。まず、蘇《そ》東《とう》菠《ば》の活躍した宋代中国で使われた刀の馬刀《マーダオ》から馬刀貝。馬刀は太刀ではなく、小刀ですが、刃に少し幅があります。この馬刀をかなりミニチュアにすると、なるほど、似ています。ちなみに、これは、ちまたのゲームでも登場する、人の丈より大きい斬《ざん》馬《ば》刀《とう》とはちがう種類です。

また、真手、あるいは両手と書く場合も。マテ貝を手に持つと、長四角の貝殻の両側の端から、水管と足がそれぞれ、にゅるぅと出てきます。まるで、両手が出てくるようなので、この名前。あてられた漢字は、ほかにもあります。馬蛤貝。中国では、蟶貝とも書かれるようです。

シンガポールなどの南アジアでは、バンブー・クラム (bamboo clam)。貝殻をいくつか縦に並べると、なるほど、竹のようです。マテは、股、とも考えられています。貝殻を左右に開くと、すべすべときれいな純白色です。これが、人の足を連想したのだとか。

マテ貝の学名は、場所によって異なった名前がつけられています。こういう貝はほかにもたくさんあるそうですね。

日本でのマテ貝の学名は、*Soren grandis* です。*Soren* は管、*grandis* はグランドピア

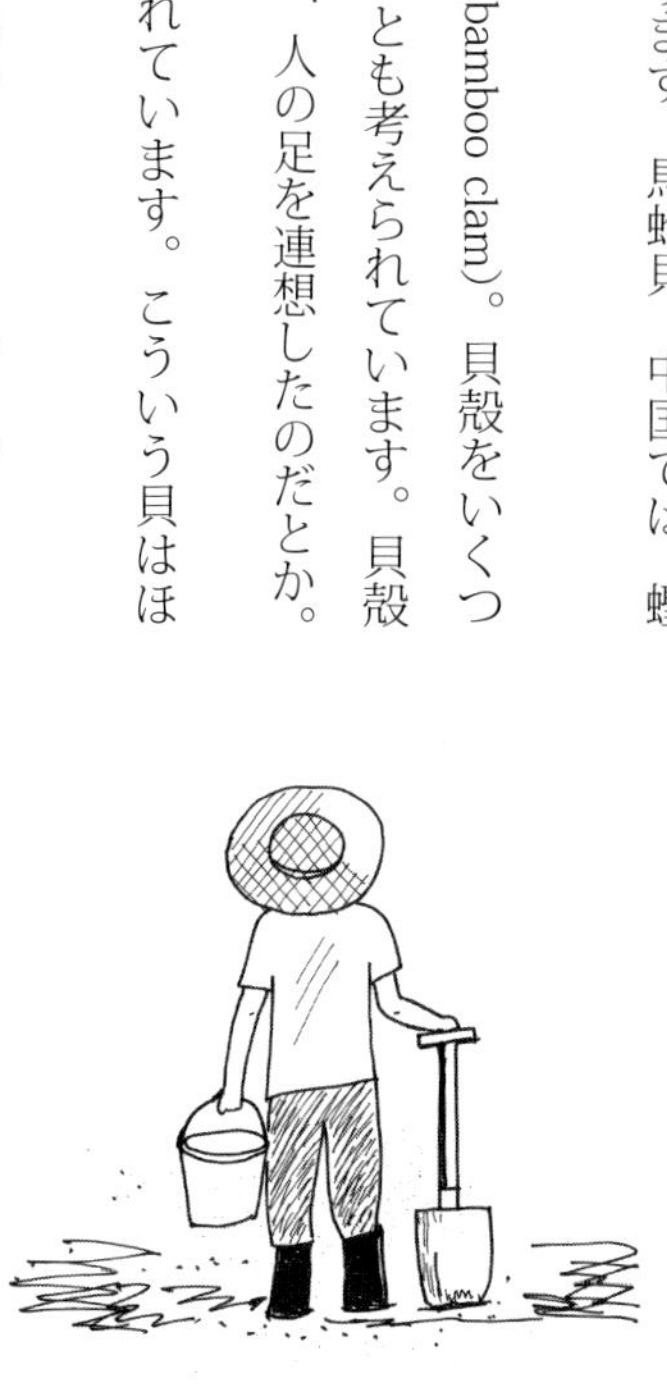

ノなどと使われるように、大きいという意味です。つまり、大きい管。アメリカでは、*Ensis directus* や *Ensis arcuatus* です。*Ensis* は、巨人の刀、つまり、巨人オリオンの刀という意味です。うしろの *directus* と *arcuatus* は、それぞれ「まっすぐな」「弓なりの」ですから、巨人オリオンのまっすぐな刀、巨人オリオンの少し曲がった刀、というのが、アメリカでのマテ貝の学名です。

ギリシャ神話の海の神、ポセイドンの息子、オリオンは、眉目秀麗、紅顔の美青年、つまりイケメンだったそうで。冬の夜空で逢えますね。そのオリオン座のオリオンのベルトと呼ばれる三つ星の下、縦に小さい三つ星が並んでいるそうです。小三つ星と呼ぶそうです。赤く光るM42星雲もそのひとつです。それがオリオンの刀。肉眼で見るのは、少し厳しいでしょうか。たしかに星座絵などを見ますと、筋骨隆々とした男性が右手に剣をふりあげていて、ベルトの下あたり、もうひとつマテ貝のような剣をさげています。

オリオンの右肩にあるのが、赤く明るく光るペテルギウス。巨人の脇の下という意味の星です。左足の白い星がリゲル。こちらは、巨人の足の意味。日本では、左足の星を源氏星、右肩の星を平家星と呼んでいます。オリオンの右手を伸ばした先にあるのが、こいぬ座のプロキオン。右足の先にあるのがおおいぬ座のシリウス。このプロキオン、シリウス、そしてオリオン座のペテルギウス（平家星）の三つを結んで、冬の大三角形です。もうひとつ。オリオン座のリゲル（源氏星）から時計まわりに、おおいぬ座のシ

リウス、こいぬ座のプロキオン、ふたご座のポルックス、ぎょしゃ座のカペラ、おうし座のアルデバラン。この六つで、冬のダイヤモンド。イケメンにダイヤモンドなんて、まあ、どうしましょう。

さて、日本ではマテ貝の穴に、河童が登場します。泉鏡花の『貝の穴に河童の居る事』です。印旛沼に棲む河童の三郎。渚でひと心地ついていたところへ、東京からきた芸人の三人連れが立ち寄ります。その中のひとり、若い娘に、目を奪われてしまった河童の三郎は、そっと岩陰にかくれてその様子を見ているのですが、そこへ娘が「まて、まて、まて」と、やってくるのです。あわてた河童は近くの穴に隠れるのですが、「間の悪さは、馬蛤（マテ）貝のちょうど隠家」だったわけで。そこをもうひとりの芸人のステッキで突かれてしまいます。河童は「馬蛤（マテ）の穴へ落ちたりとも、空を翔けるは、まだ自在」と言いながら、仕返しを神主さまに頼むのですが、最後には、しゃもじをもって芸人が踊りだしてしまい、それで、おしまいになります。この河童のしゃべり方、体が大きくて、滑舌があまりよろしくない芸人さんにそっくりです。「赤沼の三郎でっしゅ。」こんなかんじです。

マテ貝がいるかしらと思ってのぞいて、河童がいたら、それはびっくりしましゅよね。しかも、マテ貝の穴は一円玉くらいの大きさでしゅよ。とってもフシギ。

面白や　馬刀の居る穴居らぬ穴　　正岡子規

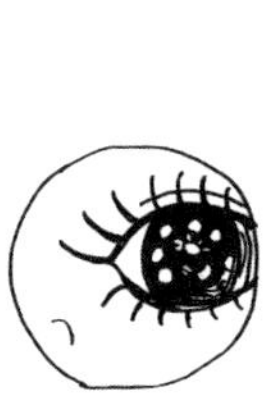

このマテ貝の穴、干潟に酸素を供給する大事な役割も果たしているそうです。干潟が乾いたときにできるヒビ割れも、同じように酸素の供給に一役かっているそうです。これが海水の浄化にもつながるのですね。

アメリカの西海岸ワシントン州では、マテ貝掘りのためのリクリエーション・ビーチがあります。穴を見つけて掘ってみるのですね。このとき、気をつけないと、割れたマテ貝の貝殻で手を切ってしまうことがあるので、それで、レイザー・クラム（カミソリ貝）なんだ、という説もあります。海が少しでも汚れている日は、閉鎖してしまうのだそうです。お持ち帰りも制限されています。クラミング、と呼ばれています。潮干狩りですね。クラミングは、クラム（clam、二枚貝）からきているので、Lの発音です、これをRにしてしまうと、詰め込み一夜漬《いちやづ》け勉強です。クラミング・スクールは、塾という意味になります。最近は中国語のブシバン（補習班、つまり台湾の塾）とともに、ジュクも英単語になってきているそうですね。外国でクラミングに誘われたら、RかLかを要確認（!?）ですね。

馬刀突の　子の上手なり　つどひ見る　　高浜虚子

子供は、やはり、こうでなくては。干潟は、格好の学習場所です！

# 干潟のカニを観察しよう!

## …カニの食事とダンスの話…

小網代《こあじろ》の森で暮らすカニの主役はアカテガニですが、干潟で暮らすカニの主役はチゴガニとコメツキガニです。アカテガニは小網代の森でミミズやケムシを食べて夏の放仔《ほうし》に備えますが、干潟のカニたちの食事はどうでしょう。カニの口は口の前に付属肢というものがあり、食事をするのに大事な働きをしています。付属肢はもともと節足動物の先祖が持っていた脚が次第に口器の一部として変形してきたもので、六対で構成されています。口器付属肢をよく見ると、そのカニがどんな食事をしているかがわかります。

干潟のチゴガニとコメツキガニは干潟の砂粒に含まれている小さな珪藻《ケイソウ》類、有機物片、砂粒表面のバクテリアなどを食べています。食事中のチゴガニやコメツキガニは盛んにハサミで砂粒を口の中に運んでいます。口に運ばれた砂粒はまず、鰓《えら》から押し出されてきた水で洗われて、重い砂の部分と軽い食物を含んだ部分に分けられます。食物を含んだ水は口器付属肢の間に吸い込まれ、水中をただよっていた食物類は、水が鰓に再吸収されると口器付属肢の表面の剛毛に付着します。食物類が無駄なく付着するように、付属肢の水が通る部分にはまんべんなく鳥の羽のような毛がたくさん生えています。砂っぽい干潟で暮らすコメツキガニのような種類のカニは、特に高い漉し取り能力が必要なのでスプーン状の毛、砂と泥の混ざった場所に暮らすチゴガニでは、耳かき状かブラシ状の毛です。アカテガニなどは漉し取りを必要としないので、針状の毛しか生えていません。

次に、食事のときに残った重い砂粒は口の出口に集められます。濾過した残りの砂が口器の上に溜まるか、下に溜まるかは口器での水の使い方と関係があるようです。チゴガニでは砂粒は上からできはじめて下に溜まりますが、コメツキガニでは下から持ち上がって上に溜まります。コメツキガニは口の上に溜まった砂粒をハサミでつまみとってポイッと捨てるので砂団子を上手に作ります。チゴガニは口の下側に溜まった砂粒をハサミでかきおとすだけなので砂団子が上手にできません。しかし、チゴガニは巣穴の周りにさまざまなバリケードを作るので、このときには大きな砂団子を作って並べます。

干潟のカニたちは、食事の後はダンスです。カニのダンスはウエービングといわれます。

干潟のカニのダンスはオスの求愛行動と考えられています。コメツキガニの場合、オスは周囲にメスが多くいるときには頻繁にウエービングを行いますが、周りにオスが多い場合はほとんど行いません。また、コメツキガニでは巣穴を持つ大きなオスと巣穴を持たない小さなオスが見られますが、ウエービングが見られるオスは大部分が



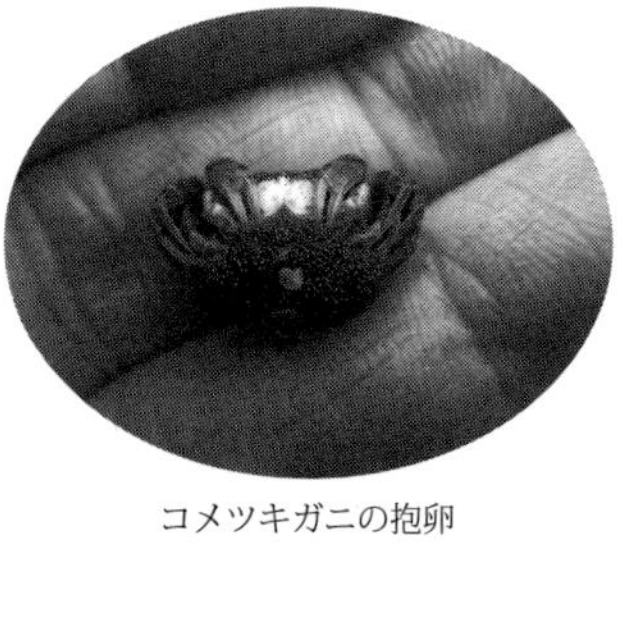
コメツキガニの抱卵

コメツキガニ

巣穴を持っています。コメツキガニのウエービングは、巣穴を持つオスであることをアピールする求愛行動として作用しているようです（コメツキガニでは巣穴を持っているオスの方が巣穴を持たないオスより繁殖成功率が約四倍高い）。

次はチゴガニのダンスです。日本の干潟に暮らすチゴガニの仲間は、チゴガニと九州の有明海のハラグレチゴガニの二種類です。日本から東南アジアにかけて見られるチゴガニ類一五種類のウエービングを細かく観察した研究によると、チゴガニ類のウエービングは三つのタイプに分類され、外側から内側に円を描くようにハサミ振るタイプ、左右のハサミを同時に上下に動かす垂直のハサミ振りタイプ、左右のハサミをバラバラに動かす非対称のハサミ振りタイプが見られます。一番多く見られるのは円を描くタイプで日本のチゴガニを含めて九種います。非対称のタイプは二種で、垂直のタイプが四種です。また、分子生物学的な系統発生の研究から、ハサミ振りタイプは円を描くタイプから垂直のタイプと非対称のタイプが進化したものと考えられています。チゴガニのオスは繁殖期にメスが接近するとそのメスに向けてウエービングを行い、自分の巣穴に誘い込みます。

けれども、チゴガニの場合には、オスはメスが近くにいないときにもウエービングを行います。特定の相手に向けられないこのウエービングの機能はまだはっきりと解明されていませんが、繁殖期に限って見られることから、つがい形成にかかわっているようです。このウエービングについての野外での研究によると、オスのウエービング個体数

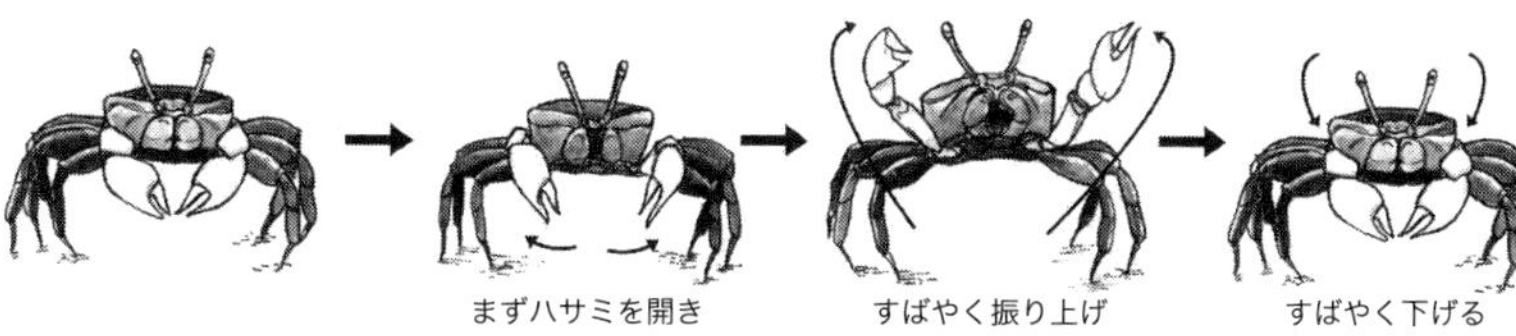
まずハサミを開き
すばやく振り上げ
すばやく下げる
チゴガニのダンス（江良弘光さんの『小網代の谷のカニ図鑑』より）

の多い集団と少ない集団とでは、メスはオスのウエービングが多い集団を選択するという結果となっています。したがって、この特定の相手に向けられないウエービングは、遠くにいるメスを自分たちの集団に誘引する効果があるようです。干潟のカニたちをじっと観察するだけでも、おもしろいことや不思議なことがまだまだたくさんあります。

ぜひ、干潟に出かけてみてください。

# ヤドカリさん、お住まいとお友だち

干潟で、動いている貝を見かけることがありますね。生きている貝、発見!! と思ってしまううちは、まだまだ干潟ビギナーですねぇ。そうです。ほんとうは、ヤドカリさんです。日本中、世界中、あちこちの干潟や海岸で見られますね。裸ん坊で生まれてきて、おとなになるまでに住まいを見つけます。住まいは主のいなくなった貝殻です。それで、宿借り。

たいてい、一対のハサミと二対の脚(歩脚というそうです)を、お宿の貝から出して、歩いています。そして、住まいの中にもう二対、脚があるのです。これで、貝殻をつかんでいるそうな。全部あわせて脚が五対。それで、十脚甲殻類。エビやカニも同じ仲間です。ちがうところは、最後の脚がとても小さく、体に隠れてしまっていること。そして、お腹の部分が少しよじれていること。テレビで見るタラバガニ(食卓で見る方も、もちろんいらっしゃるでしょうね!)、よく見ると、ほかのカニとちがって、脚が六本のように見えます。最後の脚が隠れているのです。ですから、ヤドカリの仲間なのだそうです。それに、タラバガニのメスのお腹も、ひっくり返してよく見てみると、ヤドカリのように、ちょっと曲がっているそうですよ。

卵から孵化したばかりのヤドカリの幼生は、ゾエア。そして、脱皮をくりかえし、少し大きくなると、グラウコトエ幼生。★さらに、脱皮をして、親に近い形の稚ヤドカリになります。このときに住まいの貝殻を見つけ、背負って生きていきます。この間にも、脱皮は続け、大きくなった体にあうように、さらに大きな貝殻にリハウスするのです。

グラウコトエは、おそらく、ギリシャ神話の海の神様のひとり、グラウコスからきています。もともと人間で、漁師だったのですが、死んだ魚も生き返る薬草を見つけ、自分でもその薬草を食べてみたところ、みるみるうちに足が魚のしっぽに変わり、体中に力がみなぎり、海が俺の生きる場所だあ！と海にもぐり神様になってしまったそうです。姿としては、逆半魚人ですね。グラウコスは、古代ギリシャのコインや、絵画にも見られます。たとえば、フランス・バロックの画家、ローラン・ド・ラ・イール（一六〇六〜五六）の『グラウコスとスキュラ』。グラウコトエ幼生がグラウコスに似ていることといったら。「自然は芸術を模倣する」（オスカー・ワイルド）のでしょうか。★★この作品はロサンゼルスのポール・ゲティ美術館で見られます。美術館は二つに分かれており、ひとつはUCLAの近く。もうひとつは、サンタモニカを西に行ったマリブに近い海側です。こちらは、美術館の建物そのものが、古代ローマ遺跡を模したつくりになっているそうです。

ギリシャでは、貝柱のスライスのようなものが、グラウコスの名前で売られているようです。食べてみたいものですね。

★――ゾエアの意味については、『小網代の森の住人たち』の第1話をご覧ください。

★★――「芸術は自然を模倣する」といったのはアリストテレス（『詩学』）。

ローラン・ド・ラ・イール画
『グラウコスとスキュラ』（部分）
J・ポール・ゲティ美術館蔵

コラージュという手法を駆使した絵本作家、『はらぺこあおむし』でおなじみ、エリック・カールの作品に『やどかりのおひっこし』があります。イソギンチャクをはじめとした海の生きものに次々と出会い、仲良く暮らしていきます。しまいには、そうやって仲間と住んでいる家も、小さくなってしまい、その家を、後輩に譲り、大きな貝殻に引っ越すのです。住み慣れた所に別れを告げ、新しい世界に飛び出していく勇気を教えてくれます。アメリカでは、小学校にあがる前に必ずといってよいほど、幼稚園で読み聞かせをする絵本です。

ヤドカリは、この本にでてくるイソギンチャクとは、現実でも共生をするようですね。イソギンチャクはヤドカリについて、いろいろな場所に連れていってもらえるし、ヤドカリにとっては、イソギンチャクが敵を怖がらせてくれるでしょうから。絵本のヤドカリと違い、古い貝に付いていたイソギンチャクを、新しい貝に移し替える、ということをするヤドカリもいるようです。

神戸市須磨の水族園の園長先生の奥様は、ヤドカリと共生して貝殻にいっしょに住む、小さな小さなエビを見つけられましたよ。ヤドカリに宿借りするのです。クレナイヤドカリテッポウエビ。「おうちにいれて、くれない？ヤドカリさん、テッポウエビです」……。ちがいます、紅《くれない》色をしたエビです。このエビは貝殻から外出もして、そして、帰ってくるのだそうです。そのとき、はさみを上下にノックするのだそうな。「いれてくれない？」そして、貝の中に入れてもらいます。きっとコミュニケーションが成立してい

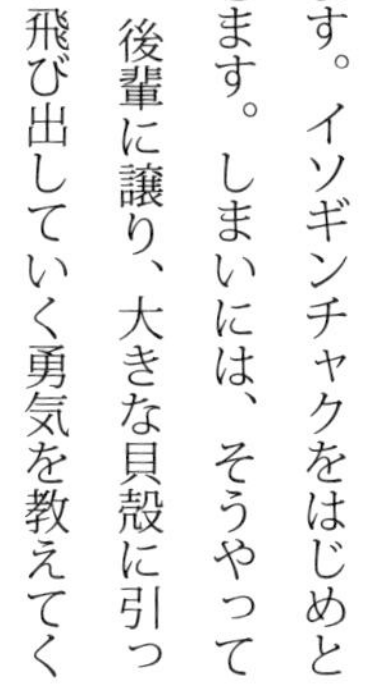

るのですね。

　ヤドカリ同士のコミュニケーションもあります。ボストンにあるニューイングランド水族館の研究員の方が見つけました。名付けて、ヤドカリSNS（ソシアル・ネットワーキング・サービス）。大きいヤドカリから順に並んで、順に引っ越しをするのだそうです。欠員連鎖（vacancy chain）というわけです。


　このヤドカリ、英語ではハーミットクラブ（hermit crab）。カニ隠者です。たしかに、貝をかぶっている様子は、スターウォーズに出てくるベン・ケノービーに似ているような。隠遁生活を送っていたオビ＝ワン・ケノービーのことです。あるいは、雪舟の『慧可断臂図《えかだんぴず》』の達磨大師にも、似ていますね。恐れ多くも。達磨大師は、中国禅宗《チャン・ブディズム》の宗祖。日本の禅、臨済宗、曹洞宗のもとです。ダルマさんは、面壁九年といって、九年も座禅を続けた達磨大師の姿を模したものです。ダルマはサンスクリット語ですが、漢字では「法」と表されます。南無妙法蓮華経の法です。「真理」とか「教え」の意味ですね。あるいは、「森羅万象」とか、「日常の出来事」、という意味にもなります。岡本かの子さんは、この「法＝ダルマ」という言葉を、日々の暮らしの中にこそ、真理、それから、救いがある、と教えています。毎日使っているお鍋はお鍋でありながら、仏様の顕現でもある、ともいえるでしょうか。

　岡本かの子さんは、きれいでモダンな方だったようで。あるとき、銀座のモナミで

雪舟画『慧可断臂図』
常滑市・斎年寺蔵

お茶を呑んでいたら、身知らぬ紳士から、「どうしてそんなにお若く美しいのか」って驚嘆されたそうです。それに答えてかの子さんは、「大乗仏教を勉強して、その精神を身につけているからです。」……そうだったのか!! 息子さんが「芸術は爆発だ!」の岡本太郎さんです。

さて、貝殻拾いの遊びのことを、英語で、シェリング（shelling）といいます。ドイツの哲学者みたいですね。さて、このシェリング、ほどほどにした方がよいのでしょうか。貝殻を拾ってしまうと、ヤドカリさんたちが住宅難になる、ということです。なるほど。アメリカのバーモント州にあるガラス工房では、住宅難のヤドカリさんたちのために、手吹きガラスで、貝殻を作って、海岸にばらまいているそうです。シンガポールにある干潟保全活動のグループ名は、「ネイキッド・ハーミットクラブズ（はだかのやどかりたち）」。ヤドカリさんたちが、住宅難で、裸にならないように、気をつけてあげましょう、ということから。もちろん、ヤドカリには、いろんな種類があり色があるので、それと同じように、人間も、干潟で、いろいろな人が集まりましょう、という意味もあるそうです。毎月、チェックジャワの干潟を案内してくれるそうです。

志賀直哉の短編小説にも、ヤドカリが出てきます。きしゃご（キサゴ）の貝殻に入っています。小倉さんから教わったとおりです。その中で、大きくなろうとしたヤドカリ

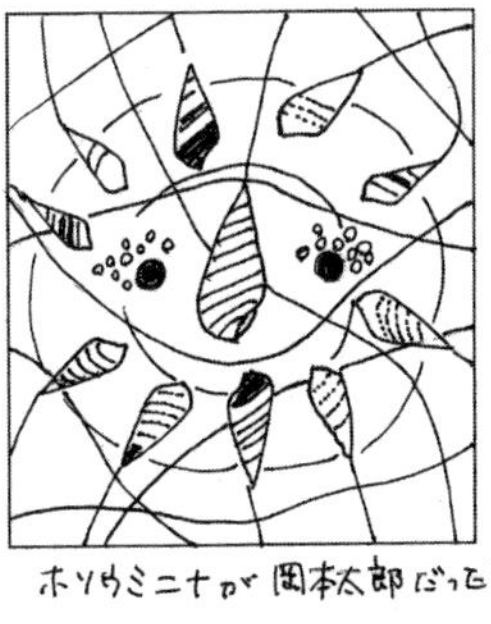

ホソウミニナが岡本太郎だったら

が、きしゃごから始まって、サザエの殻、そして、ほら貝にみあうほどの大きさになろうとします。しかし、最後には、目的を見失い、息絶える、というお話です。そして、それを見つけた科学者が、ヤドカリの哲学的苦闘も知らず、これだけの大きさの貝がないから、死んでしまったのだろうと結論づける、というものです。主体的実存は、客観的科学の前になすすべもない、というわけですね。小説の中では、きしゃごが、海岸にたくさんいる様子が描かれています。昔は、本当にたくさんいたのですね。

浪退けば喜佐古おびただしきことよ　阿波野青畝《あわのせいほ》

江戸時代には、このきしゃご、色を塗って、おはじきにしたそうです。黄表紙によくでてきます。それから、軒下にあって雨を受ける溝を雨落ちと呼びましたが、そこにも、きしゃごがまかれていました。雨風にさらされるわけです。こういう状態を洒落《しゃれ》と江戸人は考えていました。余分なものがそげ落ちて、無欲でかっこいい、というわけです。そこで、「雨落ちのきしゃご」といえば、「しゃれ」の意味にも使われていました。しゃれてかっこいい、という意味にもなりましたし、また、ダジャレを言う、の意味にも使われました。雨落ちのきしゃご仲間、というグループもありましたよ。なにかっていうと、よりあって、おもしろい話、オチのある話を言い合って楽しむのです。落語の始まりだろうと考えられます。江戸のおもしろい話というと、商人文化と考えられがちですが、そもそもは、おサムライさんたちが始めたこと。そこに、身分を超えて、商人やいろいろな人たちが加わっていったのです。自由で高踏な雰囲気だったでしょうね。そして、自然との距離感が、私たちより近いですね。忘れつつある原始的な力、現代人の私たちも、取り戻したいものです。

**干潟なのに深い！**
**小倉さんのマメ知識**

キサゴの仲間にはキサゴ、ダンベイキサゴ、イボキサゴがいます。

キサゴは砂ぽい干潟を好み、イボキサゴは内湾の泥ぽい干潟を好みます。千葉の内房あたりでは生きているキサゴが海岸で見られます。また、逗子海岸ではどれも貝殻は拾えます。小網代の干潟にいるとしたらイボキサゴで、昔は暮らしていたと記録がありますが、葉山しおさい博物館の「相模湾レッドデータ」によると、相模湾から消滅とされています。イボキサゴは水質浄化力を持っているので、小網代や、ほかの干潟でも見られるようになると嬉しい限りですね。

小網代の干潟には、テナガツノヤドカリがたくさん棲んでいます。

このヤドカリが好む干潟とイボキサゴが好む干潟は大変似ているようです。九州の天草の干潟では干潟に暮らす巻貝の九九％がイボキサゴで、ここのテナガツノヤドカリは八〇％以上がイボキサゴの貝殻を利用しているそうです。しかし、小網代の干潟のテナガツノヤドカリは、干潟に一番多いホソウミニナという巻貝の貝殻を九五％以上利用しています。東京湾の干潟でもイボキサゴがほとんど見られなくなりました。イボキサゴの貝殻が大好きなテナガツノヤドカリが東京湾で見られないのは、イボキサゴがいなくなったからだと思っている人もいるようです。でも、小網代の干潟のテナガツノヤドカリは、ホソウミニナの貝殻をたくさん利用しています。干潟の生きものの適応力はすごいです！

## 小網代干潟の大きなヤドカリ、コブヨコバサミ

小網代《こあじろ》の干潟の周辺で暮らすヤドカリの仲間は七種くらいです。ヤドカリの仲間の中で小さなハサミを持ち、ハサミを水平に開閉するのがヤドカリ科のヒメヨコバサミ属とヨコバサミ属です。小網代の干潟にはヒメヨコバサミ属のヤドカリが二種類［ケブカヒメヨコバサミ *Paguristes ortmanni*（Miyake, 1978）、ブチヒメヨコバサミ *P. japonicus*（Miyake, 1961）］とヨコバサミ属のヤドカリが二種類［イソヨコバサミ *Clibanarius virescens*（Krauss, 1843）、コブヨコバサミ *C. infraspinatus*（Hilgendorf, 1869）］暮らしています。小網代の干潟に暮らすヤドカリの中で一番大きいのがコブヨコバサミです。

コブヨコバサミという名前はハサミ脚の長節の基部にこぶ状の突起が一つあることから名づけられたようです。インド洋、オーストラリア、東南アジアから日本までとても広い地域に分布しています。コブヨコバサミの仲間、*Clibanarius* 属は、熱帯域と暖かい温帯域を中心に世界的に五九種くらいがサンゴ礁海岸や岩礁海岸あるいは河口の干潟などに暮らしています。日本とその近海で見られるコブヨコバサミの仲間は暖かい海域のサンゴ礁や干潟の 潮間帯、亜潮間帯を中心に多く見られ、甲殻類図鑑を見る

と十二種類が載っています。しかし分類はかなり混乱しているようで、まだ名前が変わるかもしれません。ヤドカリのオスは右のハサミが大きい種が大半で、特に大型の個体では顕著のようですが、ヨコバサミの仲間では左右ほぼ同じ大きさです。また、この仲間には「長指型」と「短指型」があり、「長指型」は歩脚が細長く大型の種が多く含まれ、「短指型」は歩脚の指節が前節より短く小型の種が多いようです。

日本ではコブヨコバサミと呼ばれていますが、外国では歩脚にオレンジ色の縦のラインがあるのでストライプト・ハーミットクラブと呼ばれるようです。小網代のコブヨコバサミが利用する貝殻はアカニシ、ナガニシ、ツメタガイ、サザエ、ヤツシロガイですが、小さな個体はホソウミニナやイボニシ、ヒメヨウラクなども利用しています。日本のコブヨコバサミと同じ仲間のアメリカのコブヨコバサミ［*Clibanarius vittatus*（Bosc, 1802)］はアメリカ大陸の大西洋沿岸のバージニアからブラジルまで非常に広い範囲にわたって干潟を中心に暮らしており、アメリカでは脚に白い筋があるのでアメリカのコブヨコバサミもストライプト・ハーミットクラブと呼ばれているようです。

ヤドカリが利用する貝殻の好みについてコブヨコバサミ［*C. infraspinatus*］を観察して調べた研究があります。ヤドカリは通常、体にぴったり合った貝殻を利用します。しかしちょうどよい貝殻が見つからないときには少し小さめだったり、大きめの貝殻を利用しています。そこで、コブヨコバサミを、

［その1］　野外で集められた貝殻のある状態

［その２］　小さすぎる貝殻での状態
［その３］　大きすぎる貝殻での状態
［その４］　過剰の貝殻のある状態
の四つの状態で飼育しました。
このあとヤドカリに自由に好みの貝殻を選択させると、小さすぎる貝殻に制限されたヤドカリは、他の状態のヤドカリよりも小さな貝殻を選択しました。しかし、大きすぎる貝殻を利用するヤドカリや自由に貝殻を選べるヤドカリは、貝殻の選択に変わりがありませんでした。このようなことから、ヤドカリの貝殻の好みは、最近の経験や過去の経験までに依存しているようです。ヤドカリも小さな家に暮らしていると、大きな家では何となく落ち着かなくなるのでしょうか。
アメリカのコブヨコバサミでは、季節移動などさまざまなことが調べられています。フォスリンガム先生の研究によると、テキサス州（ガルベストン湾？）のアメリカコブヨコバサミは、大きなオスが夏から海岸を離れて深い場所に移動をはじめ、小さなメスは晩秋に移動して春に再び海岸に戻るようです。
サンドフォード先生の研究によると、フロリダのドックアイランドではアメリカのコブヨコバサミは夏には海岸のヤドカリの優先種であるが、冬期にはほとんど見られないとあります。そして夏季には多くの個体が陸上で見られ、何日間も陸上にいることができるようです。

コブヨコバサミのハサミ

コブヨコバサミの歩脚には、
オレンジ色の縦ラインがある

ハサミ脚の長節の基部
にあるコブ状の突起

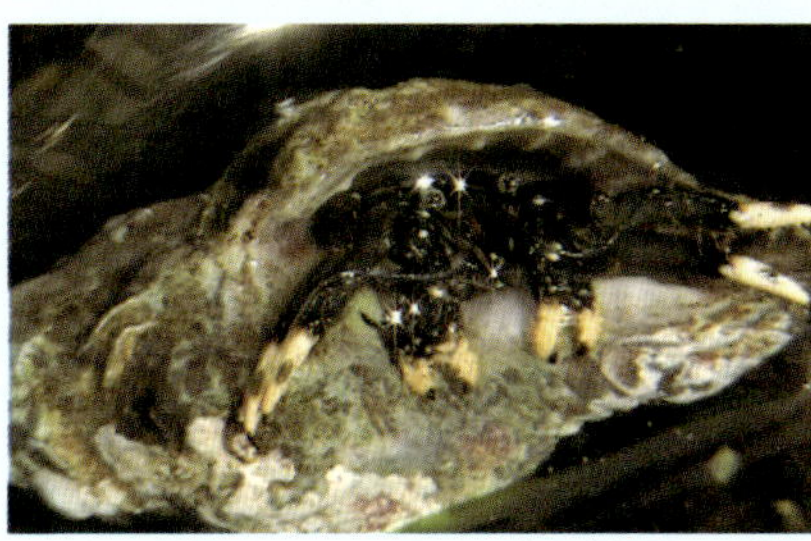

イソヨコバサミ

ローリー先生とネルソン先生の研究によると、フロリダでは晩秋に深い場所に移住し四月に海岸に戻ってくるとあります。しかし、メスと小さなオスはそのまま海岸に残っているようです。そして、フロリダのアメリカコブヨコバサミは、海藻のエリアでは端脚類、タナイス類、ヒモ形動物などを食べ、砂地のエリアでは多毛類、等脚類を食べています。また干潟の清掃動物《スカベンジャー》として生物攪乱《バイオターベーション》を起こし、他の底生動物相に影響を与えているとあります。

小網代の干潟のコブヨコバサミは、春から夏に干潟の上の方でも大きな個体がたくさん見られます。しかし、寒い冬には潮が大きく引いたときでも、干潟の下の方の水中でわずかに出会えるだけです。このようなことから、小網代のコブヨコバサミもアメリカのコブヨコバサミと同じように冬季には深い場所に移住して暖かい春が来るのを待つようです。

ストライプト・ハーミットクラブと同じように縞模様のあるヤドカリとかオレンジ色の脚のヤドカリとして知られているヤドカリが、ハロウィーンヤドカリ「*Ciliopagurus strigatus*（Herbst, 1804）、和名ベニワモンヤドカリ」です。このヤドカリはアクアリウムを楽しむ人に人気があります。ハロウィーンヤドカリは沖縄やハワイ、インドネシアなどサンゴ礁のリーフの周りで見られます。小網代干潟のコブヨコバサミも、カボチャの産地三浦にちなんで小網代ハロウィーンヤドカリとしては、どうかな。

三浦のかぼちゃ
大切に日よけ帽子と
おざぶとんで育ちます。

# アマガニの正体、ヤドカリのお味はいかが？

アマガニのことが新聞に載っていたので同封しましたと、知人から「海のカリスマ（借り住ま）いかが――ヤドカリ料理の試食会――」という見出しの神奈川新聞の記事（二〇一二年三月二十四日付）を送っていただきました。ここには、新たな名物料理として期待を寄せるヤドカリの一種「アマガニ」を使った料理の試食会の話が書かれています。アマガニと聞くと、どんなカニだろう？と思われる方も多いのではないでしょうか。三浦半島と房総半島の一部の漁師さんたちは、昔から網にかかった大きなヤドカリをアマガニとかアマンゾと呼んで、よく焼いて食べていたそうです。三浦半島周辺では刺し網漁がさかんで、刺し網には大型のヤドカリも多く掛かります。刺し網を入れる海の深さによって掛かるヤドカリの種類も変わってきます。一番大きいのはヨコスジヤドカリ（ケスジヤドカリともいい、ハサミと歩脚に横筋があるのでこの名前で呼ばれる）で、棲息深度は三〇～二〇〇メートルです。オニヤドカリ（三種の中では一番小さく、ハサミは左右同じ大きさ、ハサミや歩脚に長い毛が生えている）は五～一〇メートルくらいに仕掛けたエビ網に掛かるそうです。イシダタミヤドカリ（ヨコスジヤドカリ

よりも小さく、左の歩脚が石畳のようにゴツゴツしているのでこう呼ばれる）もエビ網に掛かり、棲息深度は五～五〇メートルです。これらのヤドカリは焼いて食べるほかに、釣りの餌としてもよく使われているようです。三浦の漁港の網干し場で、大きなサザエやヤツシロガイ、少し小さなアカニシ、カコボラが落ちていたら、これらのヤドカリが入っているかもしれません。小網代の漁港でもイシダタミヤドカリの入ったサザエ、アカニシが見られるかも。

アマガニのみそ汁や丼も食べてみたいですね。アマガニが三浦の新名物になることを期待します。ところで、ヤドカリを食べる習慣は大きなヤドカリだけではなかったようで、干潟に棲む小さなヤドカリも食べていたようです。貝原益軒の『大和本草』（一七〇九年）にはカウナ（カミナ、寄居虫）の塩辛として、海辺に暮らす人たちに食べられていたことが書かれています。このように江戸時代の末期ころまでは、ヤドカリの塩辛（カウナの塩辛）の食習慣が日本各地で見られたようです。『大和本草』に書かれている方法でヤドカリの塩辛を作ってみると結構おいしく、酒の肴によいのでは、とのことです。

カウナの塩辛のカウナとは、江戸時代まで使われていたヤドカリの名称です。『大和本草』では寄居虫と書いてカウナまたはカミナと読み、俗にヤドカリというと書かれています。

ヤドカリは、日本では古来よりさまざまな名称で呼ばれていました。

古名称を語感から分けてみると、

新名物の兆し、アマガニのみそ汁
（写真提供：城ヶ島観光協会）

ゴウナ系統（ガウナ、ガウナヒ、カフナ、カミナなど）

ヤドカリ系統（カニノヤドカリ、カニノヤトリ、サザイノヤトリ、サザイノヤドカリ、ヤトリカイ、ヤドカリなど）

アマン系統（アマン、アーマンなど）

カニホラ系統（カニホラ、カニモリ、カニムクリなど）になります。

ゴウナの語源は蟹蜷（カニニナ）であり、巻貝の殻に入ったカニの意味です。

古文献（『本草和名』九一八年、『延喜式』九二七年など）からは、少なくとも平安時代まではカミナという呼称が一般的だったことが分かります。ゴウナ系統の名称はカミナ、ガウナ、ゴウナと転化してきたようです。江戸末期まで「居虫」と書いてガウナ、カウナと訓むのが主流でした。近世まではゴウナ系統が主流の名称でした。

ヤドカリ系統は、呼称分布の広さも出現頻度もゴウナ系統についで多いようです。ヤドカリの語源は「宿借」と思われます。ヤドカリという呼称は『日本釈名』（貝原益軒、一六九九年）に初めて現れますが、本草書にも物産帳にも見られますので、広く一般に使用されていたもので、その成立はゴウナより古いと思われます。『博物館蟲譜』（文政年間一八一八～三〇）によると小型の巻貝に入っているものがカミナで、サザエなど大型の巻貝に入っているものは寄居しているので見えるのでヤドカリというとあります。

アマン系統は琉球での呼称で、現在も奄美大島から沖縄にかけてアマミ、アマン、アーマンなどと呼ばれています。

カニホラ系統はいずれもカニを含む呼称です。カニホラはカニと貝の組合せ、カニモリは「蟹守」であり、カニムクリのムクリは潜るの意味とのことです。

また、ヤドカリと巻貝の間の名称の移行はしばしば見られます。イシダタミ、キサゴ、コシダカガンガラ、ウミニナ、カワニナなどをゴウナ、ゴウナイ、ゴナ、などと呼ぶことは全国的に見られます。

小網代の干潟でもホソウミニナ、ウミニナの貝殻に寄居している小さなヤドカリ（ユビナガホンヤドカリなど）が、七月、八月ころには干潟の少し大きな石の周りなどに数千匹も集まっているのが見られます。三浦の海辺に暮らす人たちも、江戸時代まではヤドカリの塩辛を食べていたのでしょうか。

# 海にもいろいろ、虎も牛も鹿も、そして兎も

初夏、潮が引いた後の干潟や海岸を散歩しておりますと、おもしろいものに出くわします。見たこと、ありますよね。パスタの麺だけ。かわいそうに。コンビニで買ってきたミートソースパスタ……。海岸の風に吹かれながら、気分よく食べようと思ってたのかなぁ。落としちゃったのかなぁ。ミートソースは、カモメに食べられちゃったり、波に流されちゃって、麺だけ残ったんだね……。みたいなもの。

そうです。ウミソーメンです。アメフラシの卵なんですよ。名前の通りラーメンやソーメンにそっくり。食べられそうなくらい。あまり食用にはならないと聞いています。海素麺という本当に食用のものがありますが、これは、海藻です。ベニモズク科の紅藻だそうです。

卵には、愉快な名前がついていますが、親ときたら、雨降らしなんて。詩的情緒ある名前ではありませんか。地方によっては、アメフラシは、雨を降らせる不思議な霊力を有する、と言い伝えられているそうです。アメフラシが岩場に集まってくると雨

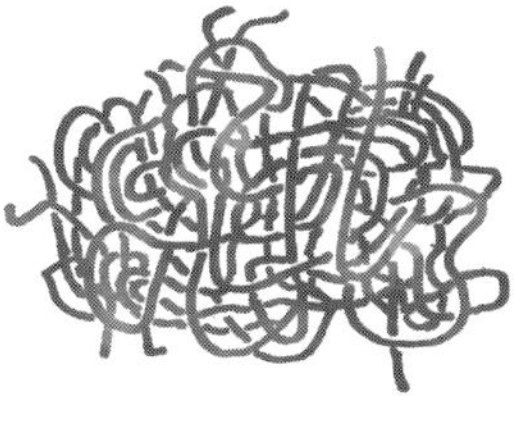

になるんですって。アメフラシを突ついていじめたり、いじくったりすると、時化《しけ》になる、とか、雨が降る、などとも言われていますね。たしかに、アメフラシにちょっかいを出すと、不思議なことが起こります。紫色の汁を出すのですよね。煙幕のように浅瀬の岩場の海水中に広がります。これを雨に「見立て」て、雨を降らせる雨降らし、と考えられていることが多いようですね。

見立てというのは、日本美の得意中の得意。本家の美しさを基にして、さらなる美を生み出すのですね。美しさだけではありません。たとえば美川憲一をモノマネするコロッケをさらにモノマネする、というような可笑しさもありますね。アメフラシという名前のつけ方からもわかるように、「見立て」にしろ、何にしろ、日本の美しさ、感じ方というものは、自然ぬきでは語れないのですね。見立ての例はここかしこにありますが、ひとつだけ。横浜方面から小網代《こあじろ》にいらっしゃるとき、京浜急行本線で、金沢八景という駅がありますね。もちろん、広重の浮世絵でおなじみ、八つの見どころがあるわけですが、これも、もともとは中国の瀟湘《しょうしょう》八景。ですから、日本では、ほかにも、近江八景とか全国で。さらには、平壌八景とか、東アジア中でも見られます。この八景、場所だけではないで

右：安藤広重『金沢八景』より「平潟落雁」
左：鈴木春信『坐鋪八景』より「琴路の落雁」

すよ。鈴木春信の坐鋪《ざしき》八景。お部屋の中の様子です。瀟湘八景では「平沙落雁」。金沢八景では平潟湾の「平潟落雁」ですが、春信の手にかかると「琴路の落雁」。お琴の琴柱を雁に見立てています。さらにおもしろいことに、こういった室内のたたずまいは、西川祐信《すけのぶ》の絵本も見立てているのです。

　さて、金沢八景。この美しさを見つけだしたのが、瀟湘出身の中世の僧だったそうな。円海山を鎌倉に向かって歩いていて、あまりの美しさにのけぞってしまったそう。故郷の瀟湘も思い出したのでしょうね。そこで、そのマイスポットにお堂を建てて、のっけん堂としました。のけぞる場所だからですね。のっけん堂から能見堂。けっしてお能の舞台があったわけではありません。金沢八景駅から北へ二駅の、能見台駅。これものけぞる駅、というわけです。

　さて、アメフラシ。巻貝の一種だそうです。卵から孵ったときには、まだ殻はついているのだそうですが、成長につれて、殻を捨ててしまうそう。しかし、体の中には、殻のような板が残っているそうですよ。神経回路がとてもわかりやすいので、医学でも研究されているそうです。英語では **sea hare**。海ウサギですね。ロサンゼルスのレストランでは、

アメフラシ料理を出してくれるそうですよ。食べられるんですね。酢みそ和えがおいしい、と聞いたこともあります。中国語でも海兎だそうです。日本でも地方によっては、海虎や海鹿と書く場合もあるそうです。二本の角がにゅっとしていてかわいいですね。小さくて、カラフルなウミウシもお仲間ですよね。でも、分類はなかなかむずかしいそうですね。ウミウシはその名のとおり、二本の角が牛のように見えるからでしょう。ウミウシは、英語では**sea slug**。海ナメクジですね。ナメクジも殻をなくしてしまった仲間です。

英語で海キュウリ（sea cucumber）というのもありますよ。ナマコのことですね。こちらは、海鼠と漢字をあてますね。ナマコの俳句は多いのです。

小石にも魚にもならず海鼠哉　子規

松尾芭蕉の弟子の去来だと、こうです。

尾頭の心もとなき海鼠哉　去来

どちらがどっちだか。一茶にもあります。

浮けナマコ仏法流布の世なるぞよ　一茶

仏様の教えが広まっている良い世の中なのだから、海の底から出ておいでよ、というのですね。ナマコは江戸でも好まれたようで、吉原にも海鼠売りが行き来をしたそうです。どんな呼び声だったのでしょうね。

もうひとつ。タツナミガイ。英語では wedge sea hare。くさび海うさぎ、ですね。どこがクサビなんだろう。タツナミガイもアメフラシと同じように、外側の殻はありませんが、体内に殻があるそうです。よぉく干潟を探すとこの殻だけ見つかりますよ。この殻がクサビ形だからでしょうか。和名のタツナミガイも、この殻の形からきた、ということです。三角形の一角が、波が立っているようにも、たしかに見えます。タツナミガイの体の表面にも突起があちこちにあって、これも波が立っているように見えます。まるで広重の「神奈川沖浪裏《かながわおきなみうら》」です。でも、あんなに波立つ海を見ることってあったのでしょうかねぇ。三崎口から引橋の一三四号線沿いに咲いているのは、タツナミソウ。こちらも波立っています。「沖つ白波たつた山」ですね。これは、高校の古典の時間でも習う『伊勢物語』の中の一句。筒井筒です。

幼なじみ同士で結婚したご夫婦。当時はおヨメさまは実家にいて、通い婚でした。ご実家のご両親がなくなり、経済的にも不安定になる中、男の方は別の女性に通い始

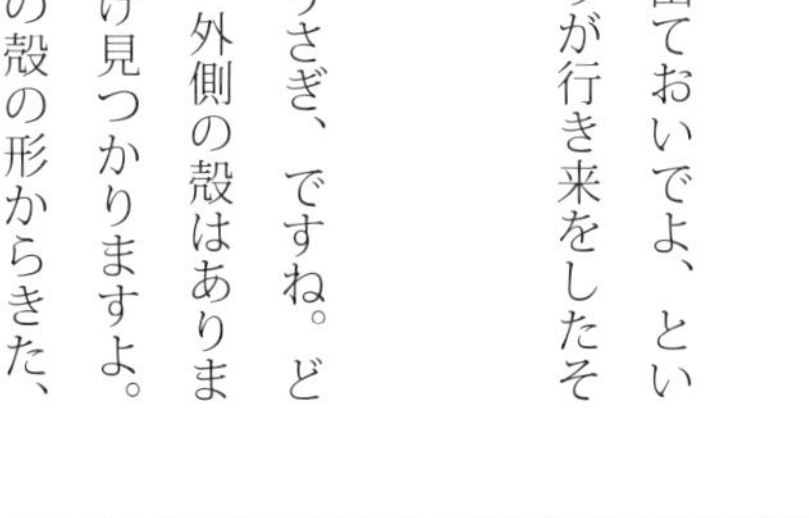

葛飾北斎『富嶽三十六景』より「神奈川沖浪裏」

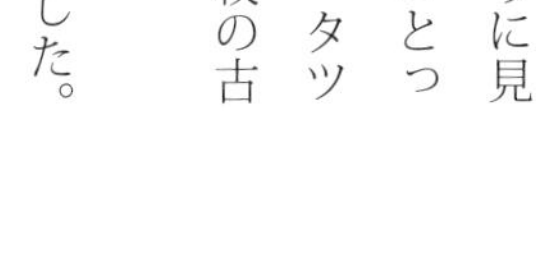

めました。でも、このおヨメさまは、凛としているのです。おかしいな、と疑った男は、ほかの女性のところへでかけるふりをして、自宅の植え込みの中に隠れてのぞいておりました。そうしたら、なんと。このおヨメさまは化粧をするのです。ますます、アヤシイと思っておりますと、おヨメさまは一句。

風吹けば 沖つ白波たつた山
夜半にや君がひとり越ゆらむ

白波というのは、盗賊のことだったそうです。そういう山を越えていらっしゃるだんな様。心配だワ。というのですね。お化粧も、あくまで、たしなみだったわけです。その気持ちにすっかりまいってしまって、男は別の女性のところには行かなくなったそうです。一度は行ってみたけれど、自分でご飯をよそってしまう下品さに幻滅した、という後日談つき。当時は、ご飯を自分でよそわなかなったのですね。普段からきちんと装いを整える女性と、ついつい気がゆるんでしまった女性。どちらがよいかというと……。なるほど、実生活に役立つことを、古典の時間にも、教えていただいていたのですね。

波立つけれど、沈まない、**Fluctuat nec mergitur** というのは、パリ市の紋章です。結婚式などで、会社の上司などが、たまに引用なさいますね。波が立ってもいいじゃないか、雨が降ってもいいじゃないか、ということですね。

パリ市の紋章

干潟なのに深い！
**小倉さんのマメ知識**

アメフラシは小網代でも早春から春に以前はたくさん見られましたが。最近は少ないようです。アメフラシの仲間には他にアマクサアメフラシがいます。このアメフラシはアメフラシとは異なり紫汁ではなく白色の汁を出します。小網代では十月ころたくさん見られることがあります。また、トゲアメフラシという体表面に瑠璃《るり》色の眼紋のような模様がきれいなアメフラシも、八月から十月ころ時々見られます。アマモ場では早春から夏にかけて緑色と茶色いウミナメクジがたくさん見られましたが、あの三月十一日の津波でアマモ場がなくなり、見られなくなってしまいました。

アメフラシの卵塊の海そうめんは、よく見ると黄色い粒々が見えます。この粒々の中に卵が入っています。一つの卵の袋（卵殻）の中には一五から三〇個の卵が入っています。また、アメフラシの仲間は雌雄同体で、何匹もの個体が連なって交尾をする「連鎖交尾」を行います。前方の個体がメスの役割、後方の個体がオスの役割をします。

アメリカのアメフラシの話がありましたが、カリフォルニアのアメフラシの仲間は巨大になるそうで、体長が一メートル以上になるものもいるということです。ぜひ見たいですね。

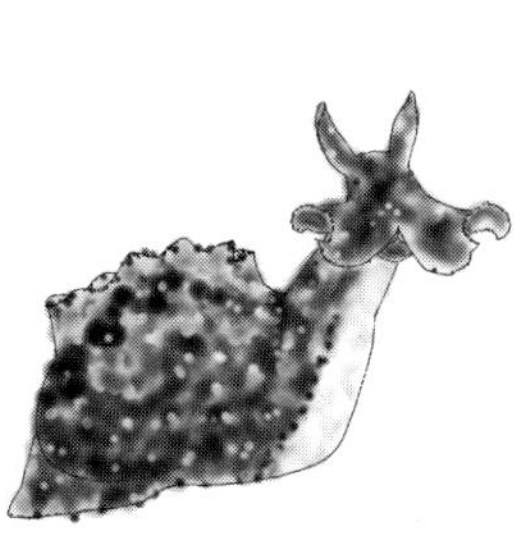

# 二枚貝、食事のしかたも二通り

## ……懸濁物食者と堆積物食者……



小網代《こあじろ》湾の湾奥部では、潮が引いて干潟が現れると、春と秋にはシギ、チドリなどが食事しているのが見られます。二〇一二年二月の神奈川新聞に「微生物の膜　主食と解明、干潟のシギなど」という見出しで、干潟に飛来するシギやチドリが微生物を含む干潟の泥表面の膜「バイオフィルム」を主食にしていることを、日本・イギリス・カナダの共同チームが初めて解明したという記事が掲載されていました。

干潟の微小な珪藻《けいそう》類、渦鞭毛藻《うずべんもうそう》類、干潟表面の有機物（バイオフィルム）などを食べるものには、飛来する水鳥の他に貝やカニなど、干潟に暮らす多くの生きものがいます。

干潟に棲むさまざまな種類の二枚貝には、水中に浮遊するプランクトンや有機物を食べる懸濁物《けんだくぶつ》食者と干潟表面の有機物を食べる堆積物《たいせきぶつ》（沈積物）食者とがいて、両者には明瞭な体の構造上の違いが見られます。

懸濁物食者の二枚貝類（小網代の干潟ではオオノガイ、ソトオリガイ、マテガイなど）では水管が癒合する方向に分化し、そして長くなります。その

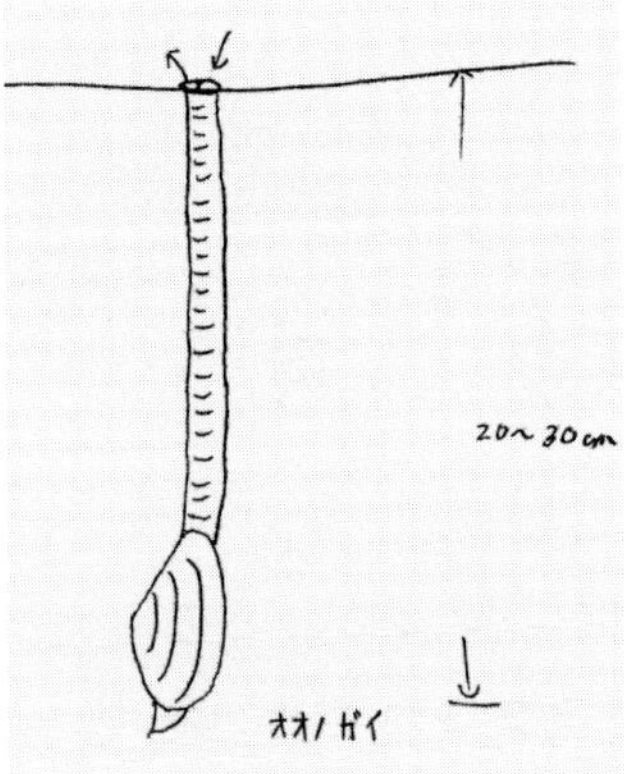

一方で、唇弁（口の部分）は小さく、足が退化する傾向があります。大きくなるとより深く底質の中にもぐるので、水管は丈夫な皮膜でおおわれ、殻のなかに収納できなくなります。

典型的な堆積物食者の二枚貝類（小網代の干潟ではユウシオガイ、ヒメシラトリなど）は遠くのほうにある餌までも集めるために長く、分離した水管を発達させています。水管は細く、伸張性があり、足は大きくて活動的です。また唇弁は大きく、餌の粒子を選り分けて口の方に運ぶ特別な働きを持っています。

懸濁物食者も堆積物食者も入水管から取り入れた食物の食べ方は同じです。

糸鰓型の鰓《えら》をもつ懸濁物食者であるアコヤガイやホタテガイなど、そして弁鰓型の鰓をもつ堆積物食者であるユウシオガイやサクラガイなどは、水中のプランクトンや有機物の粒子、干潟表面の有機物を鰓で濾しとって食べています。鰓の表面には繊毛があり、繊毛の働きにより外套腔内の水流を起こし、鰓の表面で餌を捕らえています。餌は繊毛の働きで鰓の端にある食溝に集められて唇弁に運ばれます。

ニッコウガイ科（サクラガイ、ユウシオガイなど）の二枚貝では、底質の粒子サイズが小さくなるにつれて（より泥っぽい底質）、鰓の大きさと相対的に唇弁のサイズが大きくなることが知られています。しかし、懸濁物食と堆積物食という二つの摂食法は明確に区別できないこともわかってきています。ワスレイソシジミとサビシラトリの二種は、ごく近くで暮らしていますが、ワスレイソシジミは水管の先端に触手状の突起

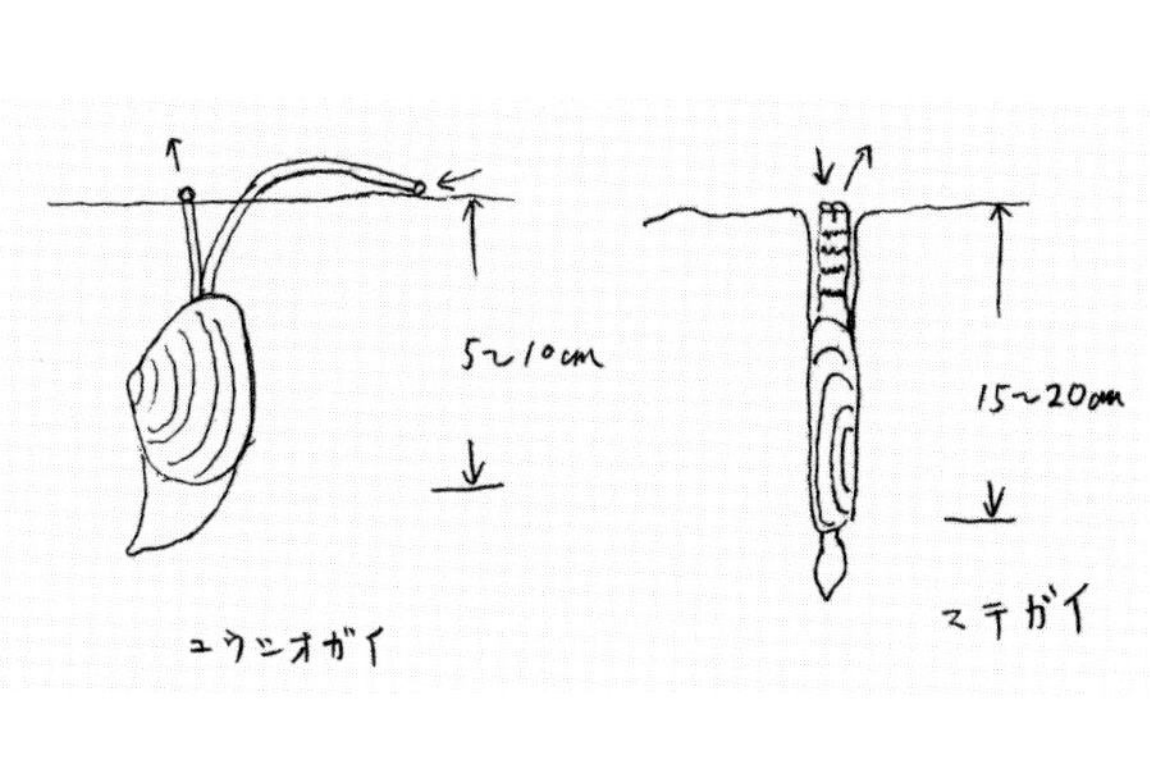

スケッチ by Ogura

を持っており、小さい唇弁を持っています。サビシラトリは、より細い伸縮性の水管と、発達した唇弁を持っていて、典型的な堆積物食者としての体制を備えています。また、オオノガイは満潮時には懸濁物食ですが、潮が引いて水位が下がるにつれて周囲の表泥から食物粒子を吸い込む堆積物食に変わることが知られています。懸濁物食と堆積物食のいずれの摂食法も行うことができるようになることは、干潟に暮らす二枚貝にとって有利です。

干潟の環境は場所によって非常に変化に富んでいます。砂と泥の割合は潮の流れや森からの土砂の流入によって大きく変化します。また森からの淡水の流入量、流入場所も大きく変わります。陽のよく当たる場所や当たらない場所もあります。このようなことから、干潟の微小な藻類やデトリタス（死んだ生物体の破片やその分解物）の種類、分布もたいへん変化に富んでいます。よく観察すると、小網代の干潟に暮らす二枚貝たちもそれぞれ一番気に入った場所で暮らしていることがわかります。

◎サクラガイの受難の話

スコットランド西岸ではツノガレイ（北欧ではポピュラーな食用魚）が豊富であり、底層生活に移ったばかりの稚魚は内湾の砂底に棲みます。ツノガレイの稚魚は底生生活の初期にサクラガイ（日本の種とは異なる）の水管を捕食します。一九六六年五月から六月にかけては全食物の六〇％前後も占めていました。サクラガイは水管を食いちぎられただけでは死にませんが、水管を再生するまではほとんど餌をとることはできません。備蓄したエネルギーで個体維持を行い、生殖巣の発達にはエネルギーを回せませんので、ツノガレイの稚魚がたくさんいる年の翌年には、新たなサクラガイの仔貝はまったく見られません。

サクラガイは堆積物食者ですので、長い水管を砂底に伸ばしています。小網代の干潟ではユウシオガイ、ヒメシラトリがやはり長い水管を伸ばしています。アサリやマテガイは懸濁物食者ですので短い水管を砂底へ出しています。マテガイも水管を少しは食べられますが、わずかです。またマテガイの水管にはいくつもの節があり、そこから切れるようになっているので、被害が最小になります。小網代の干潟でも、今年のカニパトの時に小さなヒラメの赤ちゃんが一匹見られました。小網代の干潟にもたくさんのアサリ、ユウシオガイ、マテガイなどが暮らし、たくさんのヒラメの赤ちゃんが見られるようになると楽しいですね。

# 干潟の遊女は女神さま

潮の引いた干潟を歩いて、いろいろな形や色や模様の貝殻を見つけることは、干潟や海岸歩きの楽しみのひとつです。小さな小さな貝殻ですが、とてつもない海の大きさや広さを感じることができますよね。小網代《こあじろ》の干潟では、よく見られる貝殻は、二枚貝ですとユウシオガイやヒメシラトリ。またまた、小倉さんに教えていただきました。ユウシオは、夕方の汐、でしょうね。拾って見せていただいた貝殻は、うすい色や濃い色のちがいはありますが、どれも、夕やけ空を映した浅瀬のようです。ヒメシラトリは、白い鳥が小さくなった感じ、でしょうか。名前を聞いて、貝殻を見ると、たしかに、白い鳥が、くしゅっとまあるくなっているようにも見えます。ゴイサギのことか、とも言われているようです。

貝殻を拾ってきて、すてきな貝を見せ合うのは、平安貴族も大好きな遊びだったのでしょう。西行にも貝拾いの歌があります。

風立たで　波ををさむる　うらうらに
小貝を群れて　拾うなりけり
（『山家集』）

貝合わせのために拾ったと前書きがあります。こうして拾ってきた貝に和歌をつけて、貴族たちは、一番すてきな貝を競い合ったそうです。また、ハマグリなどの二枚貝のそれぞれの貝片に一対の絵を描き、かるたのように遊ぶこともしました。こちらは、貝覆《かいおお》いと言います。一八〇組三六〇対の貝をすてきな貝桶にいれていました。『源氏物語』から画題をとられることが多いようですが、日本が誇る歌人、藤原定家のご末裔の冷泉家では、お花の貝覆いが伝わっているそうですよ。江戸時代には、この優雅な貝遊びは、庶民の間でも人気となりました。武家ぶりの社会にあっても、公家ぶりは、一般家庭の中で息づいてきたのですね。当時、貝覆いの貝と貝桶は、大事なお嫁入り道具だったそうです。ハマグリのそれぞれの貝片は、お互いはぴったり合うのに、それぞれ、ほかの貝殻とは、合わないことから、夫婦相和を願ってのことだったのでしょう。

このハマグリの学名。メレトリックス・ルソリア（*Meretrix lusoria*）。ラテン語です。ルソリアは、ゲームとか、遊び、などの意味。ヨーロッパに渡ったハマグリの標本が、

貝覆いの貝だったから、というのは、有名な逸話ですね。さて、メレトリックスは？……なんと、遊女です。つまり、ハマグリの学名は、遊ぶ遊女。平安のお姫さまを見て、遊女だなんてね、ヨーロッパの学者さまってなァんにもわかってないわねェ。と言いたいところでしょっ。それとも、江戸の遊郭でも貝覆いが遊ばれていたってことの証左なんだってことでしょうか。いえいえ、どちらも違うようなのです。

時は宝暦。十八世紀半ばのことです。博物学者のリンネが、ハマグリの仲間の属名をヴィーナス（*Venus*）、つまり美と愛の女神としました。これにならい、レーディングは、日本からきた貝覆いのハマグリをヴィーナス・ルソリア（*Venus lusoria*）、つまり、女神さまの遊び、と名付けたのです。貝覆いの貝が遊びに使われるものだとわかっていたのでしょうね。江戸では、その頃、通やら粋やら。浮世絵師、鈴木春信などが活躍していた時代です。しかし、しかしです。後にハマグリの仲間は、ラマルクによって、さらに細かく分けられ、ハマグリは、ヴィーナス属でなく、メレトリックス属となりました。下の名前のルソリアはそのままですから、つまり、女神の遊びでなく、遊女の遊び、という名前となってしまった、というわけなのです。

何にしても、ヨーロッパでは粋な名前をつけてもらっていたハマグリですが、ちょうど同じ頃、江戸では、妖怪の仲間に分類されていました。鳥山石燕という絵師が、妖怪画集『今昔百鬼拾遺《こんじゃくひゃっきしゅうい》』で、蛤のオバケを描いています。雨女、人面樹、女郎蜘蛛、こだま、

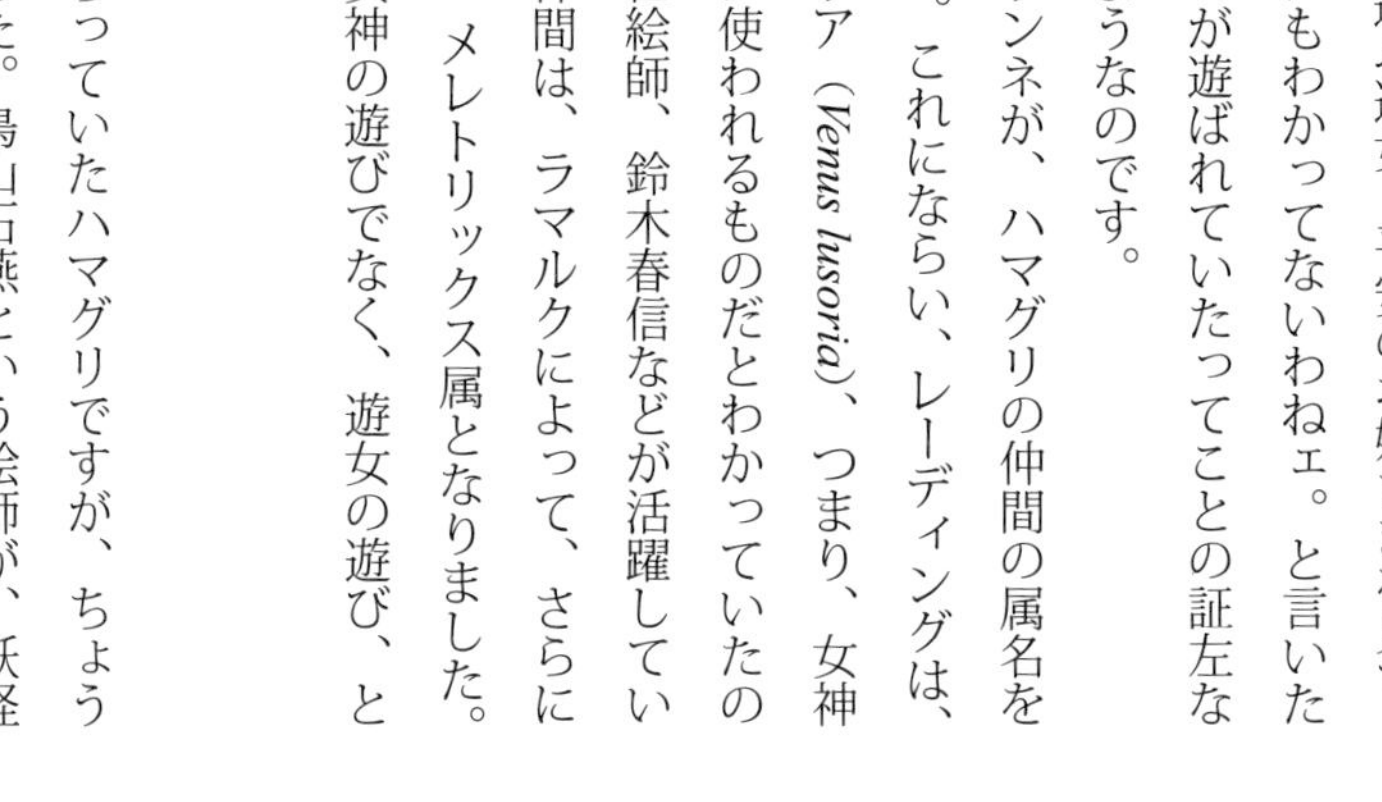

河童、やまびこ、たぬき、などが妖怪のお仲間です。蛤が気を吐いて楼閣を出現させる、すなわち蜃気楼を作りだす、ということです。「そうはく（食）わなの焼き蛤」のシャレで有名な桑名のお隣、四日市も、蜃気楼の出る場所として、広重が蜃気楼を描いています。本当に四日市に蜃気楼が現れたのでしょうか。それとも蛤の産地とかけたシャレでしょうか。芥川龍之介は、鵠沼海岸に現れた蜃気楼のことを短編小説にしています。こちらは確かに出現したようです。海水に現れる蜃気楼は、上空と海水面の空気の密度の差が大きいと現れるようですね。空に比べて、海水温度が低いときだそうです。鵠沼も同じ相模湾ですから、海水面の温度が低くなれば、小網代の干潟でも蜃気楼を見られることがあるでしょうか。黒潮が海岸から離れて蛇行するときでしょうか。

妖怪仲間の蛤、それでも、恩返しは忘れないようで。室町から江戸にかけて集められた『御伽草子《おとぎぞうし》』には「蛤女房」というのがあります。助けてもらったお礼に、毎晩、自ら出汁をとって、それはそれはおいしいお味噌汁を作ってあげたそうな……。もちろん、最後には、出汁を取っている姿（!!）を覗き見されて、海に戻っていってしまいます。日本のおとぎ話には、こんなふうに、女の人が、最後には、自然界や、現実を超えた場所に回帰するストーリーが多いですね。王子様と結婚してお城で末永く幸せに暮らす、というよりも。言ってみれば、女神とは呼ばないまでも、自然界の聖なる存在として描かれていますよね。中国にもあるようですね。

貝のおいしい具だくさんスープ、といえば、アメリカのクラムチャウダーでしょう。

チャウダーは、煮込んで作る料理のことですね。ベーコン、玉ねぎ、ジャガイモなどといっしょに牛乳を入れて、クラムを煮込みます。クラムは、ハマグリやアサリではなく、ホンビノスガイ（メルセナリア属メリセナリア *Mercenaria mercenaria*）だそうです。本美之主貝という字をあてるそうです。つまり、美の主、ヴィーナスのこと。この和名は、この貝がヴィーナス属に属していたときに作られたものだそうです。なかなかの苦心の作ですよね。大アサリ、白ハマグリとも呼ばれるそうです。ところで、とっても幸せなことのたとえに、英語では、クラムを使い、「貝のように幸せ」（ハッピー・アズ・ア・クラム **Happy as a clam!**）と言います。もともとは、潮が満ちているときのクラムのように幸せ、という言い方だったそうです。敵からねらわれることなく、つまり、生活が満ち足りて何の心配もない、という意味に使ったのが始まりのようです。

さて、ヴィーナスに貝、といえば、ホタテ貝からの誕生ですね。ボッティチェッリなどの絵画でおなじみです。ヨーロッパホタテ(*Pecten maximus*)というのだそうです。ヨーロッパでは、豊穣の象徴です。コキーユ・サンジャック（coquille Saint-Jacques）とも呼ばれます。フランス語で「聖ヤコブの貝」という意味ですね。ヤコブはイエス・キリストの十二使徒のひとり。この貝にヤコブの名前がついた理由は、いろいろ言われています。ヤコブは、弟ヨハネとともに漁師だったから。布教のときに、この貝を持ち歩き、水をすくって飲んだから。海で溺れそうになった騎士がヤコブの名前を唱えたら、奇

ボッティチェッリ『ヴィーナスの誕生』
フィレンツェ、ウフィッツィ美術館蔵

跡的に助かり、その体にこの貝がついていたから。あるいは、この貝が豊穣、つまり、再生のしるしだから、とも。二枚貝の形からでしょうか。新しい命の誕生する象徴と見なされていますよね。

聖ヤコブは、スペイン語でサンアチアゴです。その聖地は、スペインにあるサンチアゴ・デ・コンポステラ（聖ヤコブの墓廟）。そこに至る巡礼路は、ユネスコの世界遺産です。熊野の古道とともに、道が世界遺産となった珍しい例ですね。巡礼者の持ち物リストには、ホタテ貝が載せられています。バックパックにつけたり、首からさげたりして、目印にするそうです。最初は、記念にもらってくるものだったらしいのですが、巡礼者だとわかるように、最初から身につけるようになったそうです。サンチアゴ・デ・コンポステラは、大西洋のそばですから、巡礼の行き帰りに、ホタテ貝を食べたのかもしれません。今もたくさんの巡礼者が行き交いますが、行く先々で手厚くもてなしていただけるそうです。四国のお遍路さんと同じですね。

画像はイメージです。
Happy as a clam !

干潟なのに深い！

## 小倉さんのマメ知識

日本で見られるハマグリの仲間（*Meretrix* 属）は魚屋さんでよく見るシナハマグリ、外洋の海岸（逗子海岸でも）で見られるチョウセンハマグリ、そしてハマグリの三種ですが、ハマグリは相模湾レッドデータでは消滅となっており、生きている貝は東京湾を含めてほとんど見られなくなりました。また、中国から大量に輸入されるシナハマグリとの交雑も、ハマグリの消滅に関係しているようです。

ホンビノスガイは魚屋さんでもたくさん見られ、千葉県での漁獲も多いようです。東京湾のお台場や京浜運河でもたくさん見られます。この子たちはアサリが死んでしまうような、夏の赤潮や貧酸素の海でも平気です。東京湾ではハマグリはいなくなりましたが、ホンビノスガイは元気いっぱいです。

# ツメタガイと砂茶碗

ツメタガイ［*Glossaulax didyma*（Roding, 1798)］は小網代《こあじろ》の干潟でもよく見られる巻貝で、大きく潮が引いた日には、貝殻が見えないくらい大きく足（外套膜）を広げて干潟の表面を這い回っているのに出会えます。春から初夏にかけて底のぬけたおわんを伏せたような形の卵嚢が干潟でたくさん見られます。この形から通称「砂茶碗」と呼ばれています。英語では **sand collar**（砂の襟）。卵は砂粒をまぶした帯状の卵紐として生み出され、砂茶碗の内側の曲面は親貝の貝殻の外側の曲面と一致しています。砂茶碗はゼリー状物質で固められていて、厚さ一・二ミリ〜二・八ミリの中に直径五二〇〜五八〇ミクロンの卵室が二層に配列し、卵嚢中には一〜三個の直径二七〇ミクロンの卵が入っています。したがって、一平方センチにおよそ二〇〇個の卵があることになります。この砂茶碗は約二週間でベリンジャー幼生が出終わると崩壊してしまいます。

ツメタガイは干潟の砂泥中を這い回ってアサリや他の二枚貝、巻貝を食べる肉食性の貝です。泥の中で餌を探すため眼がありません。

ツメタガイは大きな足で二枚貝、巻貝を包み込んで貝殻に孔をあけて貝の中身だけ

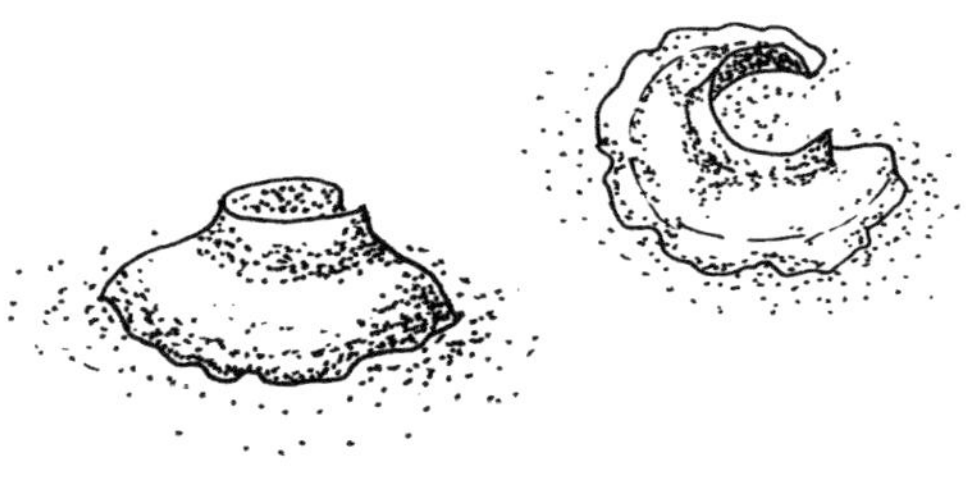

を食べます。ツメタガイの仲間であるタマガイ科とアクキガイ科（イボニシなど）には口吻の先端に付属穿孔器官があり、この器官からの分泌物によって貝殻の石灰質を溶かし、歯舌を使って貝殻に孔を開けます。小網代の干潟にはツメタガイに食べられた貝殻がたくさん見られます。貝殻に開けられた孔をよく見ると、ツメタガイが開けた孔は放射線状に内側に向かって狭くなっているのがわかります。イボニシなどアクキガイ科の開けた孔は円筒形で、どちらの貝が食べたのかは孔を見ればすぐにわかりますが、干潟の貝を食べるのはタマガイ科の貝のようです。

　ツメタガイの貝殻をよく見ると貝殻の真ん中が開いているタイプ（臍孔《さいこう》が開く）と閉じているタイプ（臍孔が閉じる）が見られます。これは外洋の干潟に暮らす種類と内湾、内海性の干潟に暮らす種類の違いで、外洋に暮らしている閉じているタイプはホソヤツメタとして区別されています。ホソヤツメタは、横須賀市の秋谷に住まわれた貝類研究者の細谷角次郎氏を記念して名づけられたものです。細谷氏のコレクションは横須賀市自然・人文博物館に収蔵されています。小網代の干潟では両方のタイプの貝殻を見ることができます。

　ツメタガイなどタマガイ科の貝は英語ではムーン・スネイル（moon snail）といい、ツメタガイがBladder moon snailで、トミガイがWhite moon snailです。

　ツメタガイは煮付けやソテーにすると美味しく食べられるようです。昔から日本各地で食べられていたようで、日本でもツメタガイは各地方でさまざまな名前で呼ばれ、全国では一〇〇通り以上の方言があります。たとえば、東京湾周辺部の千葉県あたりでは「イチゴ」、金沢八景、生麦あたりでは「ズベタ」、三浦市あたりでは「マンジュウガイ」などです。

小網代の干潟で見られるツメタガイの仲間（タマガイ科）には、ほかにトミガイ、ホウシュノタマがあります。トミガイは「富貝」、ホウシュノタマは「宝珠の玉」とも書きます。なかなか良い名前が付いています。また、この仲間にはネズミガイ、ネコガイなど、面白い名前の貝もあります。これらの貝は相模湾の逗子、鎌倉海岸あたりでも見られます。また、タマガイ科は月の巻貝《ムーン・スネイル》ですが、二枚貝にもツキガイ科（イセシラガイ、ウメノハナガイなど）というのがあり、ウメノハナガイは小網代の干潟でも見られます。さらに、ツキヒガイ（月日貝）というホタテガイと同じイタヤガイ科の貝は、大きな円盤状で、右殻が黄白色で左殻が深紅色のきれいな貝です。ちょうど月と太陽のような貝なので、この名前がついたようです。貝の博物館などでは必ず見られると思います。

ツメタガイの仲間で、最近、海のブラックバスと呼ばれるサキグロタマツメタという貝がいます。小網代ではまだ見ていませんが、全国的には問題になっています。東北地方では干潟の水温が二度くらいになる真冬でも動き回っているのですが、真夏には見られなくなることなどから、この貝は中国や朝鮮半島からの輸入アサリに混入して入ってきたと考えられています。日本にも昔から有明海や瀬戸内海に分布していたのですが、大陸側の海域からの個体群と日本の個体群ではその生活習性に大きな違いがあるのでしょうか。外来の個体群は急速に分布を広げています。二〇一一年三月十一日の大震災後の調査結果が、「サキグロタマツメタは地震ニモ、津波ニモ負ケズ」として貝類学会で発表されています。東北地方の干潟では密度は少し下がっていますが、依然元気いっぱいであることが示唆されています。この貝は栄養卵依存型直接発生という、日本に暮らす他のツメタガイ類とは異なった方法で子孫を増やしているので、サキグロタマツメタにアサリを食べられないようにするには、この貝の卵嚢である砂茶碗を回収することが効率的な駆除方法の一つです。サキグロタマツメタは干潟の絶滅危惧動物図鑑では絶滅危惧1Aにランクされていますが、これは日本在来の個体群に対してのもので、外来の個体群を早急に駆除しなければ、日本在来の個体群が消滅してしまうということのようです。

小網代の干潟ではアサリやバカガイが少なくなったためか、ツメタガイも少なくなっています。

左から：ツメタガイ、トミガイ、ホウシュノタマ

ツメタガイの砂茶碗

右：ツメタガイ（貝殻の真ん中に臍孔《さいこう》があります）
左：ホソヤツメタ（臍孔は大きな臍滑層《さいかっそう》に覆われています）

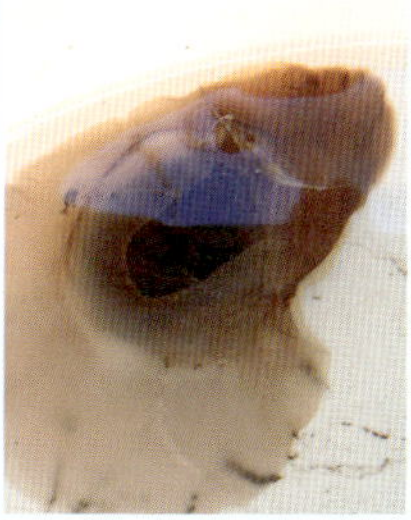

ツメタガイの軟体部

# 青鷺の名前

## ……小網代の青鷺は、哲鳥か聖鳥か、はたまたお笑い芸鳥か……

大潮の夜、アカテガニのお母さんたちは、日没とともに、森から干潟をめざします。赤ちゃんたちを海に向かって、解き放つためです。放仔《ほうし》と呼ばれます。いのちの神秘に出会えるふしぎなすてきな瞬間です。

油を流したかのように静穏な油壺は小網代《こあじろ》湾。コウイカや、タコクラゲにアンドンクラゲ。悠々と気持ち良さそうに漂っています（アンドンクラゲには要注意ですよ、毒針で刺されてしまいますから）。たまにはハコフグも見かけます。生まれてくるゾエアを待っているのでしょうか。ときおり、ボラが水面を跳ねます。そして、そのボラをねらっているのでしょうね。藤ケ崎に向かう森の木々にはアオサギが集まっています。

デブラ・フレイジャーの絵本『あなたが生まれた日』は、私たちが生まれてくるとき、動物や魚や花や木、そしてお父さんお母さん、おじいちゃんおばあちゃんたち、地球上のすべてが、私たちの名前を呼んで、そして、宇宙全体の力が加わって、地球にやってくるんだって教えてくれています。大潮の夜というのは、宇宙全体がいのちを呼ぶ力なのでしょうね。

古代エジプトでは、いのちが再び巡ってくるようにと、さまざまな工夫をこらしていましたね。ピラミッドを始めとして。いのちにまつわるエジプト神話は太陽神ラーを中心として、さまざまなお話しがあるそうです。その中にベヌウ（あるいはベンヌ、またはベヌ）という聖鳥がいます。これが、どう見てもアオサギ（*Ardea cinerea*）。このアオサギのベヌウから生まれた卵から太陽が生まれた、とか。火が生まれた、とか。太陽神ラーは、ベヌウとやってくる、などというお話しがあるようです。

エジプトのルクソールには王家の谷と王妃の谷があります。岩窟に建てられた壮大なお墓群です。その中には、一般公開をしていないものもあります。事前予約をするのですが、それでも、状況によっては見せてもらえない場合もあるそうですよ。しかも、見せてもらっても、中で過ごす時間は、わずか一〇分。それでも、壁画の保存状態がよく、それはすばらしいそうです。エジプトの王様《ファラオ》の代表格のラムセス二世。この王様の大切なお妃さまだったネフェルタリ王妃のお墓です。その壁画に描かれているのが、ベヌウ。どこから見ても、アオサギです。エジプトの美女といえば、クレオパトラですが、クレオパトラは外国人だったので、このエジプト生まれのネフェルタリ王妃こそが、正真正銘のエジプト美人だそうです。ラムセス二世からはとても可愛がられたそうな。ルクソールの至宝と呼ばれるお墓のすばらしさからも、大切にされていたことがわかるそうです。しかし、若くして亡くなってしまい、その後（かどうか!?）、ラムセス二世は、何十人もの妃をもったそうな。何十人の美女を手中におさめても、初恋（!?）の人を失った隙

を埋めることができなかった、ということにしておきましょうか。百人を超える子供もいたそうですよ。

このアオサギ・ベヌウ。火の鳥ベヌウ。ギリシャにわたり、フェニックスとなります。ギリシャの歴史家ヘロドトスも、フェニックスのエジプト起源について触れています。そして、もうアオサギのイメージはすっかりなくなってしまいます。このフェニックスが東アジアにわたると、鳳凰。しかし、フェニックスは、一羽なのに対し、鳳凰は、鳳がオス、凰がメスのひとつがいです。一万円札には一羽だけですが。そしてもちろん、アオサギではありませんよね。

日本では、清少納言が『枕草子』に鷺のことを書いています。

鷺は、いと見目も見苦し、眼居《まなごい》なども、うたてよろづになつかしからねど、ゆるぎの森に独りは寝じと争ふらむ。いとをかし。

(第四十一段　鳥は)

見た目はあんまりよいというわけではないのに、それでも、森の寝床では、必ずお相手を見つけようとがんばる！いいんじゃない！というわけです。エジプトでは聖なる鳥でしたが、清少納言には、恋のお手本かなにかのようにおかしく描かれています。この鷺は、はたして、アオサギでしょうかねえ。ほかのサギでしょうか。ゆるぎの森というのは、滋賀県高島群安曇川《あどがわ》町付近にあった森だそうです。サギの名所で、歌枕にもなっています。これには、実は、もと歌があります。『古今和歌六帖』の巻六に、

高島やゆるぎ（万木）の森の鷺すらも独りは寝じと争ふものを

とあります。平安時代の私撰和歌集ですが、編者はわかりません。テーマごとに和歌が分けられていますが、そのテーマが、山、田、野、水、草、虫、木といった具合です。もちろん、恋もありますが。日本文学を味わうには、絶対、自然科学的視点というか、知識というか。少なくとも、自然へのやさしいまなざしが、あった方がよいですよね。

江戸になって、松尾芭蕉になると、アオサギは、哲人かのように描かれています。『猿蓑』には、俳門の人たちとの連句がおさめられていますが、そこにアオサギが登場します。鴨川、行商人、雨に降られて雨宿り、雨宿りの間にも世界は変わっていくねえ、無常だねえ、と続いてきた句のあと、

昼ねぶる青鷺の身のとうとさよ

という句を付けています。座禅をしている禅僧かなにかのようですね。で、ここまで、芭蕉が気高くもってきたところを、芭蕉の弟子、凡兆は、

しょろしょろ水に藺《い》のそよぐらん

と一気に形而上から形而下に、つまり現実の自然の風景にもどします。アオサギのいる水辺には、イグサが生えてるよ～、というのです。絶妙ですねえ。

与謝蕪村には、愉快な句があります。

夕風や水青鷺の脛を打つ

なんとなく、動物行動学のような視点がおかしさを誘いますね。

開高健が、釣りの師と仰いでいた井伏鱒二も、故郷の風景の中の愉快なアオサギを描いています。

ゴイサギよりもアオサギの方が頓狂である。こちらが釣りながら川をのぼって行くと、それを案内するように川かみの淵のところまで飛んで行って岩のてっぺんにとまっている。こちらがその淵に近づくと、アオサギは静かに飛び立って、また次の淵のところの岩の上にとまって待っている。送り狼ではなく案内に立つアオサギである。こんな日は、たいてい釣果良好と判じて間違いない。
まるで渓流釣のガイド役のようですね。さて、小網代のアオサギたちは、どんな姿を見せてくれるのでしょうか。鳴き声ですが、アメリカでは、「フラ〜〜ンク」とフランク君を呼んでいるかのように聞こえるのだそうな。

干潟なのに深い！
**小倉さんのマメ知識**

貝の名前にもアオサギというのがあります。少し青紫がかった白色の二枚貝です。貝の和名には鳥と同じ名前がつけられているものが多くあり、スズメガイ、カモメガイ、イソチドリ、ミヤコドリ、ホトトギスときて、アオサギの仲間にはゴイサギ、サギガイ、ヒメシラトリなど、私が知っているだけでもたくさんあります。サギガイは真っ白でとてもきれいな貝で、逗子、鎌倉の海岸でも見られます。ヒメシラトリは小網代の干潟にも暮らしていますが、近頃は少なくなっています。

七月上旬、潮の引いた干潟にアオサギが四十羽くらい降り立って、のんびり餌を食べているのに出くわしました。干潟に出かけるとだいたいアオサギに出会います、そして、いつも彼らの食事のじゃまをしています。

# くらげ、泳ぐか、浮かぶか、月を模して漂うか

日が沈んだばかりの干潟。月を映しているかのように、ゆったりと水の面《おもて》を優雅に漂う青白いもの。くらげ。この言葉はどこから来たのでしょうか。クラクラ泳いでるんけ？を略してくらげ？あまり楽しそうでなく、むしろなんとな～く暗そうにしているからクラゲ？漢字で書くとすてきですよ。海月、水月、水母……。このうち、海月は、平安時代の辞書『和名抄《わみょうしょう》』に、出ているのですが、江戸時代の辞典『和漢三才図会《わかんさんさいずえ》』では、この海月はくらげを表す漢字ではないとしています。でも、現代詩人、萩原朔太郎は、『月光と海月』というくらげの詩を書いていますね。月光の中を泳いでくらげを捉まえようとする、と始まり、次のように終わります。

かしこにここにむらがり
さ青にふるへつつ
くらげは月光の中を泳ぎいづ。

もちろん、実際のくらげ採りを詠った、ということより、自分って何？生きてるってどういうこと？と模索していることを、月の光の下、くらげと泳ぐことで表しているのでしょうね。

朔太郎の『およぐひと』という詩では、「およぐひとの心臓はくらげのやうにすきとほる」とあります。そして、最終行は「およぐひとのたましひは水のうへの月をみる」です。

くらげの現代詩といえば、やはり、金子光晴の『くらげの唄』ですよね。

ゆられ、ゆられ
もまれもまれて
そのうちに、僕は
こんなに透きとほってきた

と始まり、「心なんてきたならしいものは／あるもんかい。」と……。波がさらっていったそうなのです。そして、「僕？僕とはね、／からっぽのことなのさ」と自らを定義し、

いや、ゆられてゐるのは、ほんたうは
からだを失くしたこころだけなんだ

こころをつつんでゐた
うすいオブラートなのだ。

このように続いた後、最終行では、「疲れの影にすぎないのだ！」と、終わります。

こういう詩の受け取り方は、ひとによって違いますし、また、同じ人間でも、そのときの気持ちの持ち方で、違ってきますね。みなさまは、どのようにお感じになるでしょうか。ぜひ、全文で味わってくださいね。

水月、海月といった名前といい、水に月の光のように漂うくらげは、まさしく詩的存在ですね。

鎌倉の東慶寺には「水月観音」さまが、いらっしゃいます。電話で事前予約をして見せていただくことができます。宝物館にも水月観音さまはいらして、こちらは、いつでも拝観することができます。でも、水月観音さま、くらげじゃないんですよ。足を崩した格好で、水面に映った月を愛でていらっしゃる菩薩さまです。実は、水と月、というと、禅や仏教では悟りを表す言葉だそうなのです。月が水に映ったら、映ったまま。消えたら消えたままです。自由でとらわれていないのですね。くらげも、水にゆらいでいる様子は、本当に自由で、とらわれていないようですよね。禅語には、た

とえば、

「坐水月道場」　すいげつ道場に坐す
「水急不流月」　みずせかしくして、月を流さず
「掬水月在手」　みずをきくすれ（すくえ）ば、月手に在り

といったものがあります。茶席の掛け軸にもありますね。水月のようにとらわれない気持ちでいるように、ということでしょうか。最後の禅語は、月のように遠くにある御仏の教えでも、手の平に掬《すく》うことができる、つまり、御仏の慈悲は、どこにでも、だれにでも、というのですね。

さて、これが、吉原や島原の遊郭となると、話がちがってきます。遊女が「水」に例えられ、「月」がお客様です。お客様の気持ちを、きれいに映すことができるとよい、ということでしょうか。それから、もうひとつ、別の意味もあります。洗練されていることを「水」、その反対を「月」と呼んでいたそうです。山から出てきたばかりの月が、水面に映ると、よりすてきになる、ということからだそうです。それぞれ、すい、がち、と呼びます。そうです、そこから、粋、イキが生まれてくるのですね。でもあまり通ぶってもだめなそうですよ。「水《すい》らしくせず、しゃんとした殿達」が理想なそうです。

花魁と禿
鈴木春信『三十六歌仙・在原業平朝臣』（部分）

『古事記』の冒頭に「久羅下《くらげ》なすただよえる時」と出てきます。くらげの海のようなところから、大和の国ができ、神さまがおでましになる、というのです。くらげを「水母」と書くのは、くらげがいるところは、母なる水、というわけでしょうか。道教の書物にも、「水母を見ると寿命がのびる」などとも。道教では、くらげは、神仙の境地に達するために大切なものだったようです。

母なる水、といえば、海ですけれども。三好達治の『郷愁』という詩にこんな一行があります。

――海よ、僕らの使ふ文字では、お前の中に母がゐる。

戦前の旧字体では、まさしく「海」という字に、「母」が使われていました。現代は、海に母がいなくなってしまったのですね。

中華料理に出てくるくらげは、海蜇と書きますね。山くらげ、というのもありますよ。ケルン、あるいは、茎レタスと呼ばれるもの。この茎を細く切って干したものを山くらげというのだそうです。乾燥させるとコリコリして、海のくらげのような味わいなそうですよ。もともとは、アラビア出身の野菜です。キク科のアキノノゲシ属だそうです。レタスって、キク科なのですね。レタスを放置しておくと、菊のようなお花が咲くのでしょうね。山くじら、とくると、こちらは、猪の肉。山のくじらと呼んだのは、洒落だったのか、綱吉公への遠慮だったのか。ホントは、くじらだって、動物なんですけれどね。広重の江戸名所百景の「びくに橋雪中」に山くじらのお店が、焼き芋のお店とともに描かれています。

英語では「ジェリーフィッシュ」。なんだかお菓子のような名前です。ジェリー、つまりゼリーです。ぷよぷよのゼラチンのスイーツは、アメリカ人も大好き。しかし、材料のゼラチンのもともとは牛の蹄なので、ガチガチの菜食主義者《ベジタリアン》の方は召し上がらないんですよ。こういう完璧ベジタリアンを、「ベガン」って呼んでいます、ついでながら。おやつにお誘いするときにもお気遣いが必要ですね。

小網代《こあじろ》湾に現れる行灯《あんどん》クラゲ。刺されると痛いので要注意ですが、行灯の形がなかなか粋です。小さい人たちには、行灯がわかるでしょうか。英語のボックス・ジェリーフィッシュ（箱くらげ）の名前の方がわかりやすいかもしれませんね。タコクラゲもいます。その名のとおり、タコさんみたいですね。英語では、傘のボツボツから、スポッテド・ジェリーフィッシュ（水玉くらげ）です。アカクラゲは、ブラウン・ジェリーフィッシュ（茶色くらげ）。共生している藻類の多さによっては、このクラゲの色は茶色くなるそうです。名前のちがいもそのあたりからきているのかも。とても上品なミズクラゲは、英語でも、

行灯をともす遊女
鈴木春信『絵本・青楼美人合』より

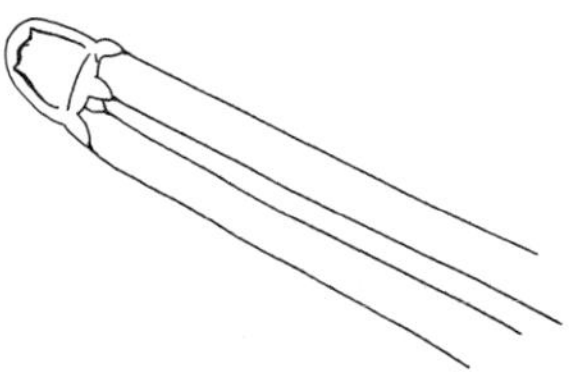

ウォーター・ジェリーフィッシュ。ムーン・ジェリーフィッシュ（月くらげ）と呼ばれることもあります。

フランス語では、「メドゥーサ」。ギリシャ神話、ゴルゴンの三姉妹のひとりで、髪の毛が毒蛇。そして、見たものを石に変えてしまうコワ〜イ怪物ですね。フランスのクラゲは、ずいぶん勇ましい名前を頂戴しました。今年の夏発表された、カリフォルニア工科大学とハーバード大学の共同研究は、名付けて「逆メドゥーサ工学」。どうやら、石のようにカチカチのロボットを、シリコンなどを使ってクラゲのように、ふにゅふにゅに、そして優雅に動かそうというものらしいです。ふにゅふにゅロボットの名前は「メドゥーソイド」。こちらは、やさしそうなロボットです。とても役だってくれるのでしょうね。

命のない秩序と、命ある無秩序、それぞれが上手にバランスをとっていけるとよいですね。

カラヴァッジオの描いた「メドゥーサ」
フィレンツェ、ウフィッツィ美術館蔵

干潟なのに深い！

## 小倉さんのマメ知識

昨年八月十九日の夜には小さなアンドンクラゲ一匹と、やはり可愛らしいタコクラゲ一匹の二匹が見られました。この年はアンドンクラゲよりタコクラゲの方がよく目につきました。アンドンクラゲは刺されると大変ですが、タコクラゲには刺されませんし、綺麗で可愛いので人気があります。

小網代では他にミズクラゲ、アカクラゲを見ることがあります。

これらのクラゲは刺胞動物の鉢虫綱と箱虫綱のクラゲに属しますが、ノーベル賞で有名になったオワンクラゲはヒドロ虫綱、軟《ヤワラ》クラゲ目です。このヒドロ虫綱に花クラゲ目があります。この仲間のベニクダウミヒドラは、クラゲ型の生活ではなくポリプ型の生活をします。三センチくらいの柄に一センチくらいのピンク色のポリプを開きます。

小網代湾では早春の二、三月ころアマモの葉上でたくさん見られることがあります。このときにはアマモ場がピンクのお花畑のようになります。アマモ場の復活が待ち遠しいです。

# 秋でもさくら冬でもさくら、干潟でもさくら

お正月を過ぎて、節分の候になると、三崎口駅周辺には、早くも桜の花が咲き始めます。河津桜なので、花の時季が早いのです。小網代《こあじろ》の干潟にも、桜、咲きますね。こちらは大島桜です。河津桜も、おなじみソメイヨシノも、お母さん（それともお父さん？）は、この大島桜とされています。大島桜は、海岸線が大好きな生活の領域。干潟の仲間ですよね。

アカテガニ広場からイギリス海岸を森に向かって歩くと、河口の石橋です★。春になると、この橋の上から、チゴガニがいっせいに、ハサミを振ってご挨拶をしてくれるのに出会えますね。特別な場所です。マメコブシガニなどが、足元を横切っていきます。ごくたまにですが、ウナギを見つけることもあります。石橋の陽射しを避けて山道に入ると、優しい木陰。影をつくる木のひとつが、大島桜です。森に少し入ったところからも、大島桜を眺めることができますね。

花は、たいてい、お雛祭りが過ぎてから。今は、葉っぱの紅葉がとても美しいです。桜のプロは、初冬の落ち葉の色や、その葉の落とし方から、次の年の花を予測するこ

★——この石橋は浸食が進み、現在は通行不能になりました。でも、カニもウナギも、あいかわらず元気です！

とができるそうですね。自分のお気に入りの桜の木をひとつ決めて、花の春だけでなく、秋や冬の桜も、じっくりゆっくり楽しむのがよいのだそうです。次の花を楽しみにしながら。前の年の花や、そのときにあった事、出会った人などを思い出しながら……。桜守の佐野藤右衛門さん、いわく。

これが、本当のことを言うたら、「花見」の秘訣やね。秋や冬のうちから、お気に入りの桜の様子を伺って、その桜に声をかけていくのだそうです。

さまざまのことおもいだす桜かな　　芭蕉

こういう気持ちを春だけでなく、一年中、持ち続けるわけですね。

冬芽は褐色で皮目があります。街のソメイヨシノとほとんど同じです。桜の葉っぱは、葉のまわりがぎざぎざになっていて（のこぎりのようなので、鋸歯《きょし》と呼ばれます）、葉脈はほぼ左右対称でまっすぐに伸びています……と説明するより、あの、桜餅を包んでいる葉っぱを思い出していただければ、よいですよね。大島桜の葉っぱがほかの桜とちがうところは、葉が大きく、葉の先がつんと長くなっているところです。かわいい。それから、大島桜の葉っぱは良い香りがします。花の時季に、河口の石橋から森に向かうとき、そこはかと良い香りがするのは、この大島桜の葉っぱです。クマリンという成分だ

そうで、塩漬けにするとさらに香りがひき立つそうです。桜餅に香りが移って、お餅を美味しくしてくれていますね。

関東での桜餅は、山本新六という人が、隅田川沿いの長命寺《ちょうめいじ》で売り出したのが始まりだそう。あばれん坊将軍、吉宗が享保の改革を始めた享保二年、一七一七年のことです。ヴァイオリンの名器、ストラディヴァリウスを作ったことで有名なアントニオ・ストラディヴァリが、イタリアのクレモナという町で、活躍していた頃でもあります。桜餅が生まれた年と同じ年にできたストラディヴァリウスは、格別に名器とされていますね。ストラディヴァリが、ヴァイオリンの名器を生み出していたちょうどその頃、かたや江戸の大川（隅田川）ほとりでは、新六さんが、桜（これは山桜でしょう）から葉っぱが落ちるのを見て、はたと、桜餅を思いついていたわけです。桜餅の由来、江戸時代の百科読みもの『嬉遊笑覧《きゆうしょうらん》』に記述があります。

大川の桜は、あばれん坊将軍の大命で、植えられたそうです。古事記に遊仙境と描かれている吉野からやってきたそうですよ。吉野へは、義経、静が恋の逃避行を企てました。歌舞伎にも『義経千本桜』という演目があります。また、太閤さんが豪勢なお花見を催しています。後醍醐天皇が南朝を開いた場所でもあります。吉野の桜は、下千本《しもせんぼん》、中千本《なかせんぼん》、上千本《かみせんぼん》、奥千本《おくせんぼん》の千本桜と言われていますね。

これはこれはとばかり花の吉野山　　安原貞室

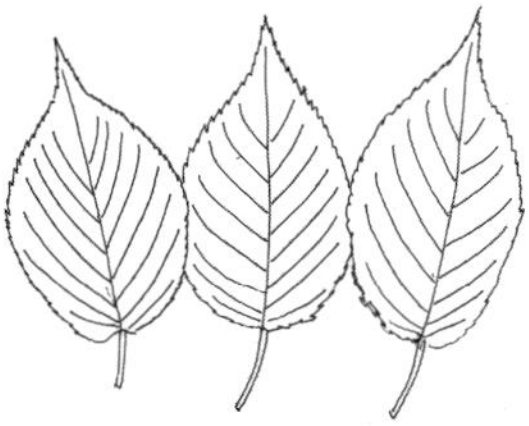

花はもちろん、桜のこと。江戸時代初期の俳人、安原貞室の作です（『芭蕉七部集』）。詠われているのは、ヤマザクラでしょうね。桜餅を包んでいたのもヤマザクラの葉でしょうね。

関東で「桜餅」と言われているもの。これは関西にいきますと、「長明寺餅」という名前になります。じゃあ、関西では何が桜餅かというと、関東で「道明寺餅」と言われているものがそれにあたります。餅米のツブツブが残っていて、丸い形をしています。葉っぱがお餅とすっかり一体になっています。この葉っぱですが、一緒に食べると美味しいですよね。でも、食べなくっても、よいのだそうですよ。クマリンは安全な食品添加物としては認められていないそうなので、食べ過ぎにはむしろ注意ですね。しかし、食べるときに外してしまうからといって、プラスチック製の葉っぱにしてしまってよいものか。無害を選ぶか、毒があっても芳香がある方を選ぶか……。毒や悪は、おいしもの、美しいものには欠かせないものかもしれません。人間のおなかや皮膚でも、善玉菌が活躍するためには、悪玉菌がいなくなってしまってはいけないそうですし。生活になくてはならないもの、でしょうか。

長命寺の桜餅は、隅田川にかかる桜橋のすぐそば。スカイツリーからてくてく歩く、ということもできますね。その桜橋のそばには、もうひとつ江戸名物のお団子がありますね。言問団子です。こちらは、江戸の終わり頃、植木師の外山佐吉によって始められたそうです。串にささっていない三色のお団子です。近くの言問橋から付けられた名前

かと思うと、さにあらず。団子が有名になり、それで橋の名も言問橋となったそうですよ。『伊勢物語』の「名にしはば　いざ言問はん　都鳥　我が思ふ人はありやなしやと」（都の鳥というのなら、問いましょう。都にいるあの人は元気にしているかどうか）という在原業平の和歌から、団子の名前をとったのは、明治に入ってからだそうです。お元気にしていらっしゃるかしら、団子でももって訪ねてみよう、ということでしょうか。なかなか風流なネーミングですね。大正ロマンの竹久夢二など、著名人のご用達だったようです。
桜餅も、著名人のファンは多く。正岡子規などは、お店の二階でよく過ごしていたそうな。

花の香を　若葉にこめて　かぐはしき
桜の餅《もちひ》　家づとにせよ　子規

「つと」というのは、お土産のことです。「家づと」にしたのは、言問団子や桜餅ばかりではありません。『古今集』には、素性法師の次のような和歌があります。

見てのみや　人の語らむ　桜花
手ごとに折りて　家づとにせむ　素性法師

桜の花の美しさを見ているだけで、人に伝えることができるだろうか。花見に来た私たちが、それぞれ、枝を折って、家人へのお土産にしょうか。というのです。保全活動の観点からは、ちょっとドキドキしてしまう歌ですね。

いしはしる　滝なくもがな　桜花
手折《たお》りてもこむ　見ぬひとのため
よみ人知らず

急流の滝が行く手を阻んでいるが、この流れがなければ、その先にある桜の花を手折って、まだ、見ていない人のために持って帰ることができるのになあ、という和歌もあります。『古今集』です。桜のひと枝を持ち帰ることは、平安貴族にとって、たいそうな風流だったわけです。また、神仙境信仰ともあいまって、桃源郷に咲く花を持ち帰ることで、少しでも、現実を超越できるとも考えたのでしょう。

江戸時代になると、桜のお土産をちょうだいね、という句もあります。磐城藩主の生まれ、松尾芭蕉の誹諧仲間でもある内藤露沾《ろせん》の句です。松尾芭蕉が桜で有名な吉野に向けて旅立つことになりました。花のさかりの吉野に到着するためには、江戸を冬のうちから出たのでしょう。見送りに来て、次の句を詠みました。『笈の小文』に載せられています。

時は冬　吉野をこめん　旅のつと　　露沾

今は冬だけれど、帰ってくるときには、吉野への旅のおみやげで、荷物はいっぱいになっているんでしょうねえ、ということですね。えっ、でも、江戸に戻ってくる頃には、枝ごと枯れてしまっているのでは？　押し花にでもして、持って帰るのかしら……。いえいいえ。旅の「つと」は、桜の枝ではなく、吉野や、桜を詠んだ句のこと。すばらしい句をたくさん詠んで帰ってきてくださいねえ、ということなのです。さすが。風流。松尾芭蕉も気合いが入っていますよ。旅支度の笠に次の句を書きつけます。

よし野にて　さくら見せふぞ　檜《ひ》の木笠　　芭蕉

これから、吉野に行くよ。そして、吉野に着いたら、これはこれはという桜を見せてあげるよ、というのです。芭蕉自身も書いているのですが、西行の吉野の桜への気持ちが、下敷きになっているそうです。この句です。

吉野山　こぞの枝折《しおり》の　道かへて
まだ見ぬ花の　花を尋ねむ　　西行

枝折というのは、文字どおり、枝を折って、山道の道しるべとすることです。しかし、昨年の枝折のとおりに行かずに、新しい道を行ってみよう、まだ見たことのない花に会えるかもしれない、と西行は考えました。西行法師もヤブコギがお好きだったのかしら。桜は花とばかり思いこまず、視点をかえて、私たちも道を行くことにしましょう。まだまだ知らない世界が、待っていることでしょう。

干潟なのに深い！
**小倉さんのマメ知識**

干潟の中でもさくらが見られますよ。

小網代の干潟にはサクラガイの仲間のユウシオガイが少しだけ暮らしています。またハザクラという二枚貝も少しだけ暮らしています。これらの貝殻は干潟で見ることができます。

サクラガイの貝殻もたまに見つけることができます。サクラガイの仲間には貝殻がサクラガイと同じ桃色のモモノハナガイ（エドザクラとも）、オオモモノハナ、カバザクラなどがあります。これらの貝殻は逗子や鎌倉の砂浜で拾うことができますよ。

上野の不忍池の調査の帰り、桜橋近くで買った桜餅は、三枚くらいの桜の葉で包んであり、とても美味しかったように記憶しています。

干潟でお花見をしながら、桜餅。いいですね。

# さくらは大島、ひがたは小網代

春は名のみの、と申しておりますうちに、お雛さまの季節です。暖かくなるのが遅い春は、お雛さまを片付けるのが、ついつい遅くなってしまわれたのではないでしょうか。おヨメにいくのが遅くなってしまうそうですから、要注意ですよね。お雛さまを飾るとき、どちらがお姫さまで、どちらがお内裏さまか、みな様は迷われることはないですか。古式では、お姫さまは、お内裏さまの右にいらっしゃいます。つまり、向かって左がお姫さまです。これは、代々の天皇家にならってのことだそうですが、大正天皇も、昭和天皇も、お妃さまの右に立たれました。欧風に従われたのでしょうか。騎士道では、女性は利き腕で男性を頼り、男性は利き腕で愛する人を外敵から守る、と古英語の時間に教わりましたが。現代の皇室にならって、おひな様も現代風として、特に関東では、向かって右がお姫さまというのが多いようです。関西では、古式のままだそうですよ。

お姫さま、お内裏さまのずうっと下に行って、「桜」と「橘」。これも、どっちがどっちかな。おひな様用には、「右近の桜」「左近の橘」と言われていますね。これは、お

ひな様を飾るとき用です。つまり、向かって右に桜、左に橘を置きます。お姫さまとお内裏さまからご覧になると、「左近桜」「右近橘」ということになります。実際、京都御所の紫宸殿《ししんでん》には、左側に桜、右側に橘が植えられています。

最初に紫宸殿に植えられていたのは、桜ではなく、梅だったそうです。何事も唐（中国）風がステキ、ということだったのでしょうね。梅が桜に替わったのは、どうやら九世紀の中頃らしいです。菅原道真の提言とも、藤原氏繁栄の基となった承和《じょうわ》の変がきっかけとも考えられるようです（『古事談』ほか）。それまでは、「花」といえば、梅だったそうなのですが、それからは「花」といえば、桜を指すようになりました。その紫宸殿の桜も、何回か植え替えられているようなのですが、一三五七年には、鎌倉からやってきた桜が植えられたそうですよ（『新編鎌倉志』）。「鎌倉櫻」と呼ばれ、京都の御所では、殊の外、美しく珍しがられたそうです。南北朝の頃です。イギリス・フランスは百年戦争の真最中。中国は元で、紅巾の乱が起こっていました。

京都西陣の千本閻魔堂は、この桜が見事なそうですね。これも、閻魔堂にも「鎌倉櫻」が咲いていることを知った足利義満が、桜の保護のために下行米《げぎょうまい》を下賜したのが始まりだそうですよ。

この「鎌倉櫻」が、普賢象《ふげんぞう》桜。淡い紅色の花びらが幾重にも重なり、咲いていくうちに色が白くなっていくそうです。おしべが緑色で、二本、突き出ているのだそうです。

これを、象の牙に見立て、その象は、普賢菩薩さまが乗られているものだと、さらに想像を広げていったゆえの名前なのでしょうね。普賢菩薩は、「普《あまね》く」私たちを救ってくださる「賢い」菩薩さまです。女人往生を説いた『法華経』を白い象にのって護ってくださる菩薩さまなので、平安の中頃、十一世紀頃から、貴婦人にたいへんな人気があったそうです。この時代、普賢菩薩像も多く描かれたそうな。東京国立博物館にも国宝として残されていますね。『枕草子』や『源氏物語』の頃でしょうか。ヨーロッパでは、十字軍の頃。ローマ法王庁ではカノッサの屈辱なんて事件もあった頃でしょうか。

また、『華厳経』では、この菩薩さま、最後にご登場なさいます。文殊菩薩から勧められて、善哉童子は、さまざまな人々から教えを乞う旅に出ます。漢字の名前ですが、インドのいいところのお坊ちゃまだったそうです。そして、五十三人目に普賢菩薩さまに出会い、悟りを開いたそうなのです。つまり、普賢菩薩は、究極の菩薩ということですね。さて、徳川の時代、究極の場所とは、どこでしょう。そう、天皇のいらっしゃる京都です。江戸から京都への五十三、はて、ピンときましたか。そうです！　東海道五十三次です！　家康公も、信心深かったのですね。東海道を、『華厳経』になぞらえているわけです。冗談ではなくホントの話です！　輸送手段も仏教の教えが基になっているだなんて、なかなか面白い国に住んでいると思いませんか。

言うまでもなく、この東海道五十三次を、歌川広重は浮世絵の題材に選びましたし。

干潟童子

さらに、ここから、国芳などは、五十三次のパロディ浮世絵を残しています。『猫飼好《みょうかいこう》五十三匹』です。題自体もダジャレで。そして、たとえばですよ、藤沢—平塚—大磯は、ブチサバ（ブチがサバをくわえている）—そだつか（子猫ちゃん育つかな）—おもいぞ（タコをくわえてるから重いぞ）といったかんじ。猫がすごいか、江戸がすごいか。人バージョンもあります。藤沢—大磯—三島は、オジサマ（鷹揚《おうよう》そうな男性）—おおいた（頭をぶつけたらしく、おぉ痛）—トシマ（妙齢!?の女性です）となります。おかしい。すごい。普賢菩薩さまの霊験あらたかです。

普賢象桜は、普賢堂桜とも言われるそうです。最初に、鎌倉の普賢堂で「発見」された、とされていますが、この普賢堂ってどこのことか、ご存知の方はいらっしゃいませんか。教えてくださいませんか。というのも実は、これは、普賢堂でなく、能見堂ではないか、と考えています。能見堂は、鎌倉から金沢の方に向かう山道にあったそうです。そこから見る景色が中国の瀟湘八景《しょしょうはっけい》に出てくる場所のようで、のけぞるように美しかったそう。お坊さまが、ヒミツののけぞりポイントとして、のっけん堂と呼んでいたそうなのです。のけぞるほどの景色のもと、京都からも望まれる桜を発見。話ができすぎでしょうか。あるいは金沢の称名寺《しょうみょうじ》にあったお堂かもしれません。称名寺にも、昔はこの普賢象桜、咲いていたそうですよ、しかし、今はもうありません。残念。

普賢象桜は、大島桜の突然変異だそうです。小網代《こあじろ》の干潟で、あの可憐な白い花を咲

歌川国吉『猫飼好五十三匹』より
藤沢、大磯、平塚の部分

かせる大島桜です。大島から島が運んだとも、源頼朝が流刑地の伊豆国から持ち帰ったとも。大島桜は、普賢象だけでなく、さまざまな里桜のお父さんやお母さんになっていますね。現在の紫宸殿の左近桜も大島系だそうですし。南殿《なでん》の桜と呼ばれていますね。後水尾天皇（一六一三〜三二）が、あまりの美しさに、何度も車を返して別れを惜しんだとされる「御車返しの桜」も大島系。一重か八重かを確認したかったから、とも言われます。京都府京北町常照皇寺にあります。ほかにも「楊貴妃」に「関山《かんざん》」「鬱金《うこん》」「一葉《いちよう》」「白雪」「御衣黄《ぎょいこう》」などなど。多彩な名品を生み出しているそうです。江戸の園芸文化の立役者ですね。ソメイヨシノは言うまでもありません。さくらどら焼きでおなじみ、三浦海岸桜まつりの河津桜も、大島一家の一員です。

　大島桜は、白い花が緑の葉っぱと一緒に出てくるので、本当に爽快でありながら、気品がありますね。鎌倉に居を構えていた、昭和の誇る批評家、小林秀雄は、家から見える桜を「青い葉っぱを無闇に出し白っぽい花をばらばらにつける」と表現しています（『さくら』）。これは大島桜のことでしょう。同じく鎌倉文士のひとり、立原正秋は、『山桜の頃』で、こんな風に書いています。「山桜の葉は赤っぽいものもあれば、緑色のもある。花も白、うすくれない、とある。それらの花と葉の色がたがいちがいに交錯し、そのいろどりのなかで野鳥が啼いている。花冷えの淡い午後の陽のなかで、その風景を眺めていると、ああ、ことしも山桜にであったな、という感情になる。」「至福だ」そうです。ここでいう山桜とは、山でさりげなく咲いている桜、あるいは、ソメイヨ



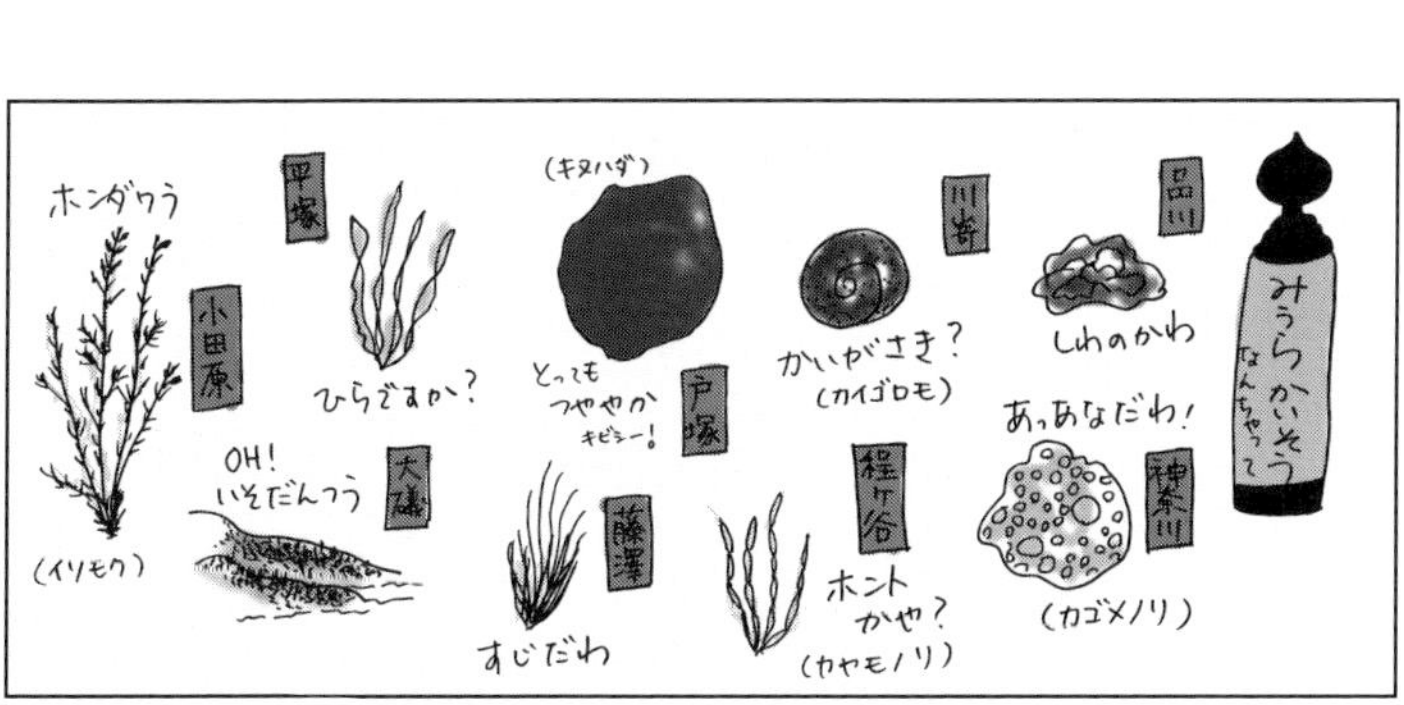

シノではないグループ、ということでしょうね。葉が赤くて花が薄紅の桜は、そのとおりの山桜でしょう。そして、葉が緑色で、花が白いのは、大島桜でしょうね。きっと。実際に鎌倉の祇園山ハイキングコースを歩いてみると、立原正秋の描く通りの景色に出会いますね。

　源実朝公（一一九二〜一二一九）は、奥方さまがお公家のご出身だったせいもあるのか、花見がお好きだったようですね。『吾妻鏡』に、永福寺《ようふくじ》まで車を仕立てた、と描かれています。永福寺は二階立てだったので、二階堂とも呼ばれ、それが今の地名として残っています。草ぼうぼうの場所だったところを、今では、永福寺復元計画が鎌倉市により、すすめられています。どんな桜が咲くのでしょうか。大島桜も交じると、よいでしょうねえ。鎌倉三浦、南関東らしくて。明るくて。可憐で。

　　春ふかみ　花散りかかる山の井は
　　　ふるき清水に蛙鳴くなり

実朝公の歌集『金槐和歌集』の句です。なんだか、まるで小網代の干潟やアカテガニ広場を詠ったかのようです。

　実朝公がお生まれになる少し前、あの名だたるサクラマニアの西行法師も、鎌倉においでになっていることが『吾妻鏡』にあります。鎌倉・三浦はどんな桜景色だったのでしょうねえ。海岸や干潟にも下向されたのでしょうか。『山家心中集』に、

風吹けば　花さく浪の　折るたびに
　さくら貝よる三島江の浦

という句があります。実際には大阪の淀川流域だそうですが。さて、これを、つい「三浦江の島」と読み違えてしまうのは、私だけでしょうか。



干潟なのに深い！
**小倉さんのマメ知識**

大島桜、鎌倉桜という和名の貝はありませんが、江戸桜という名前のサクラガイがいます。江戸桜はモモノハナガイという名前で呼ばれます。モモノハナガイはサクラガイよりも濃い桜色です。このグループには小網代でも見られるユウシオガイも入っています。サクラガイの仲間は日光貝《ニッコウガイ》科に分類されています。その中でサクラガイ、ウズザクラ、カバザクラなどは、美しく輝く太陽を意味するラテン語 *Nitidotellina* 属のグループに分類されます。

花の和名を持つ貝にはウメノハナガイ、フジノハナガイ、チリボタン、ナデシコガイ、シラギクなどたくさんあります。江戸時代までの日本の貝類図鑑には、花の名前だけではなく、ステキな和名が使われています。漢字で書かれているのも気に入っています。たとえば、汐小波貝、忘貝、花丸雪、衣通貝《そとおり》（この貝を見て衣通姫を連想？）などです。ウメノハナガイ、シラギク、衣通貝は小網代の干潟にも暮らしています。

# 海のドングリ、ちょっと変わったフジツボの話

フジツボ類は体の周りを石灰質の殻で覆っています。本来は体の周りに八枚の板を持っていますが、シロスジフジツボ［*Fistulobalanus albicostatus*（Pilsbry, 1916）］など干潟で見られるフジツボ科の仲間では、一対の板が他の板とくっついてしまい六枚の板になっています。一番前の板が嘴板《しばん》、両側に一対の側板《そくばん》、側板の後ろの小さな一対が峰側《ほうそく》板《ばん》、一番後方の一枚が峰板《ほうばん》です。

フジツボ類では殻板《かくばん》の中心に殻の蓋があります。この蓋は二対あり、前の大きな一対は楯板《じゅんばん》、後ろの小さな一対は背板《はいばん》です。背板の形態は種の分類に使われ、距《きょ》の湾入の大きさが重要です。

小網代《こあじろ》湾の干潟の近くにもたくさんの種類のフジツボが暮らしています。これまでにシロスジフジツボ、サンカクフジツボ［*Balanus trigonus*（Darwin, 1854）］、ヨーロッパフジツボ［*Amphibalanus improvisus*（Darwin, 1854）］、イワフジツボ［*Chthamalus challengeri* Hoek, 1883）］などが見られています。

アマモ場近くの岩場のクロイソカイメンの中には殻長五ミリ〜六ミリの小形の少し変

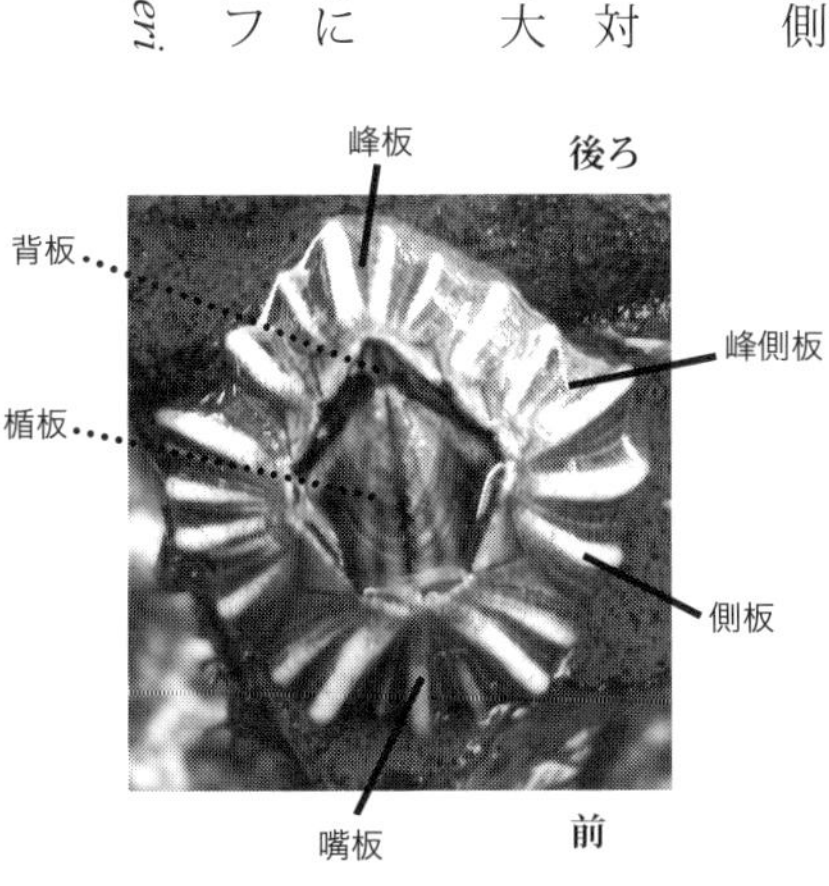

わったフジツボが暮らしています。フジツボ亜目ムカシフジツボ科カイメンフジツボ亜科のケハダカイメンフジツボ〔*Euacasta dofleini*（Kruger, 1911）〕です。

　フジツボの分類はチャールズ・ダーウィンの功績が大きく、小網代湾でも見られるサンカクフジツボ、ヨーロッパフジツボなど、ダーウィンが研究して命名した種も多く、カイメンフジツボ類〔*Acasta cyathus*（Darwin, 1854）など〕もたくさん研究しています。現在までカイメンフジツボ亜科は五属（*Acasta*属、*Euacasta*属、*Archiacasta*属、*Neoacasta*属、*Pectinoacasta*属）六〇種以上の記載があります。東南アジア、中国、日本にかけてはこれまでに三〇種以上が見つかっています。このフジツボの仲間はまだよく研究されていないので、今後属レベルからの改訂があると思われます。

　小網代ではケハダカイメンフジツボだけしか見ていませんが、日本には他にやはり本州中部太平洋岸以南に暮らすドングリカイメンフジツボ〔*Pectinoacasta pectinipes*（Pilsbry, 1912）〕も暮らしています。この殻はドングリ型で殻口が狭く、殻底がとがっています。ケハダカイメンフジツボと同様に尋常海綿《ジンジョウカイメン》類の中に棲んでいるので、小網代でも見つかるかもしれません。関東地方の海岸では、クロイソカイメン〔*Halichondria*（*Halichondria*）*okadai*（Kadota, 1922）〕、ダイダイイソカイメン〔*Hymeniacidon sinapium*（de Laubenfels, 1930）〕、ナミイソカイメン〔*Halichondria*（*Halichondria*）*panacea*（Pallas, 1766）〕を調べたところ、クロイソカイメンにだけケハダカイメンフジツボが観察されています。小網代湾でもクロイソカイメンだけで見られます。

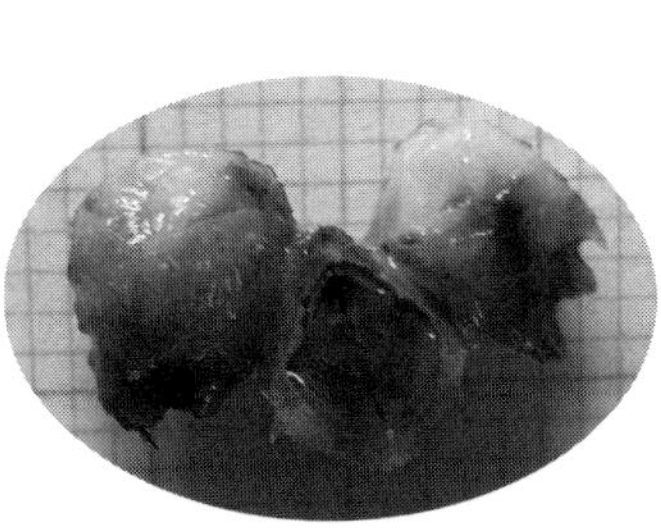

ケハダカイメンフジツボ

フジツボ類は、卵↓ノープリウス幼生↓キプリス幼生↓固着生活と一生を送りますが、キプリス幼生は、カイメンの組織片が存在すると、その表面で付着変態することが判明しています。上記の三種類のカイメン片にはどれも着生を誘起する活性が確認されており、この着生誘起活性がカイメン由来の化学物質か、それともカイメン表面の特異的な物理的構造に由来するのかは、これからの課題のようです。

さて、フジツボは英語の俗称では海のドングリ（sea acorn）と言われていると、岸由二先生が『ドングリと文明』という本の解説に書いています。小網代で見られるケハダカイメンフジツボをよく見ると、たしかにドングリ（シイの実）のような形をしています。イギリスの人はカイメンフジツボの形から海のドングリと呼んだのでしょうか。それともイギリスの人はドングリが好きなのでしょうか？　ちなみに、ギボシムシはドングリ虫（acorn worm）と言います。

カイメンフジツボの仲間は、周殻にあるスリットやウィンドウから宿主と物質的な相互作用を行っている可能性も示唆されています。カイメンフジツボ類は、なぜ、どのようにしてカイメンの中で暮らすようになったのでしょうか。ドングリは野生の豚の大好物。小網代湾に海のドングリが増えて、たくさんの海の豚が小網代湾を訪れるようなことになったとしたら……。小網代の海には、楽しい生きものがまだまだたくさん暮らしています。

# 動かないフジツボは世界を巡る

小網代《こあじろ》の森と干潟がある三浦半島が、風光明媚で美味いものありの、魅力満載なのは、言うまでもないですが、お隣の横須賀市も楽しいところです。三浦同様に、少し歩くとすぐ海です。すてき。先だって、汐入で会合のあった帰り、お仲間たちと港まで歩き、記念艦三笠を見学してまいりました。近くにあると、ついその良さを見落としがちなのは、よくあることですが、記念艦三笠★は、イギリス海軍のヴィクトリー、アメリカ海軍のコンスティテューションと並び、世界三大名艦のひとつなのですね。そうだったのか。三笠率いる艦隊が日本海で、世界最大の軍事力を有していたロシア帝国のバルチック艦隊に対して、勝利を収めたわけです。指揮官、東郷平八郎大将の何とも勇気あふれ、常識の枠にとらわれない作戦が成功したのです。明治三十八年。一九〇五年のことです。『吾が輩は猫である』の新聞連載が始まった年です。ロシアでは、第一次ロシア革命が起こっていました。その前の年にはチェーホフの『桜の園』がモスクワ芸術座で初演されています。フランスでは、ドビュッシーが管弦楽『海』を発表。その表紙が、例の北斎の『富嶽三十六景』の「神奈川沖浪裏」でした。ジャポニスムですね。

★——三笠の名前は、奈良の三笠山からだそうです。「天の原 ふりさけ見れば 春日なる 三笠の山にいでし月かも」の三笠山です。今では若草山と呼ばれているところです。あらぶる軍艦に雅な名前ですね。

ところで、東郷平八郎は、世界三大提督のひとりですし、この日本海海戦も、世界三大海戦のひとつです。★学校では現代史どころか、幕末や江戸時代さえ教えないと伺います。なんともつまらないこと。外国の学校では、現代史から逆に、歴史をさかのぼって教えるところもあるそうですよ。因果関係が手にとるようにわかって、楽しいでしょうね。歴史をいろいろな視点から見る練習もできますしね。司馬遼太郎の『坂の上の雲』は、ちょうどこの頃、日本の近代国家黎明期を生きた青年を描いています。「坂の上の雲」は、坂を上って行けば、まるで届くかに見えますよね。国家のあり方が自身の生き方と重なっていた当時の青年にとって、列強であること、近代国家となること、というのはこの雲のようだ、という少しばかり切ないタイトル。後半で、日本海海戦に突入します。ここで、繰り返し出てくるのが、船についたかきが船足を遅くする、という描写です。この「かき」というのは、船の用語で、「フジツボ」のことなのだそうですね。

今回も。前置きが長くなりまして、あいすみません。バルチック艦隊はバルト海を出発し、喜望峰を回ってくる隊とスエズ運河隊との二手に分かれて日本を目指してきたわけですが、何しろ時間がかかる。出発したのは、海戦の前の年のことですから。その間に、水線を中心に喫水下にフジツボが溜まりまくります。フジツボを取り除くには、ドックに入って、しっかり掃除をしなくてはいけないそうですから。フジツボがぴちぴちに船底についている状態ですと、二〜三ノット★★くらい速度が落ちてしまうそうですよ。こ

★――世界三大提督＝東郷平八郎。アメリカ独立戦争の英雄であるジョン・ポール・ジョーンズ。そして、トラファルガーの海戦でフランス・スペインの連合艦隊を破った、イギリス海軍提督のホレーショ・ネルソンです。
　世界三大海戦＝日本海海戦（一九〇五）。イギリスが勝利を収めたトラファルガーの海戦（一八〇五）。レパントの海戦（一五七一）。ギリシャのイオニア海にてオスマン帝国と教皇・スペイン・ヴェネツィアの連合艦隊が戦い、カトリック教国の大勝利に終わりました。

★★――ノット（knot）　一時間に一海里すすむ速さ。一海里は一八五二メートルです。時速二キロ弱ということでしょうか。漢字では節が使われるそうです。

ういうことも、東郷平八郎はしっかりと考えの中に入れていたのですね。敵艦に三笠の横っ腹を見せるという大胆な作戦も、丁寧な知識あってこそなのですね。フジツボが日露戦争の勝利のひとつの要因、かくれたヒーローですね。

フジツボがついてしまうと、効率が悪いですから、造船テクノロジー側としては、もちろん、フジツボがつきにくい塗料を開発するわけです。しかし、この塗料は環境に良くないことがわかりました。海の生きもの、特に貝類がメスばかりになってしまったそうなのです。それで、国際条約で、今では、その塗料の使用は禁止されています。でも、日本の造船業界はその国際条約のずっと前から、その塗料の危険性に気づき、禁止していたそうですよ。日本て、環境先進国なのです。あらすてき。もっと宣伝したらよいのに。環境ジャポニスムですね。

フジツボは、貝の仲間だと考えがちですが、カニやエビと同じ、甲殻類です。その証拠の脱皮殻を、干潟でも、見つけることができます。フジツボの上品さ、可愛らしさをこよなく愛していらっしゃる倉谷うららさんは、水面をふわりと優雅に漂うこの脱皮殻を「天女の羽衣」と呼んでいらっしゃいますね（うららさんの、海とフジツボへの愛に満ちた『フジツボ　魅惑の足まねき』はオススメ！）。熊手のようにも見えますし、誇らしげなしっぽのようでもあり、うららさんのご指摘のように、天女の羽衣のよう



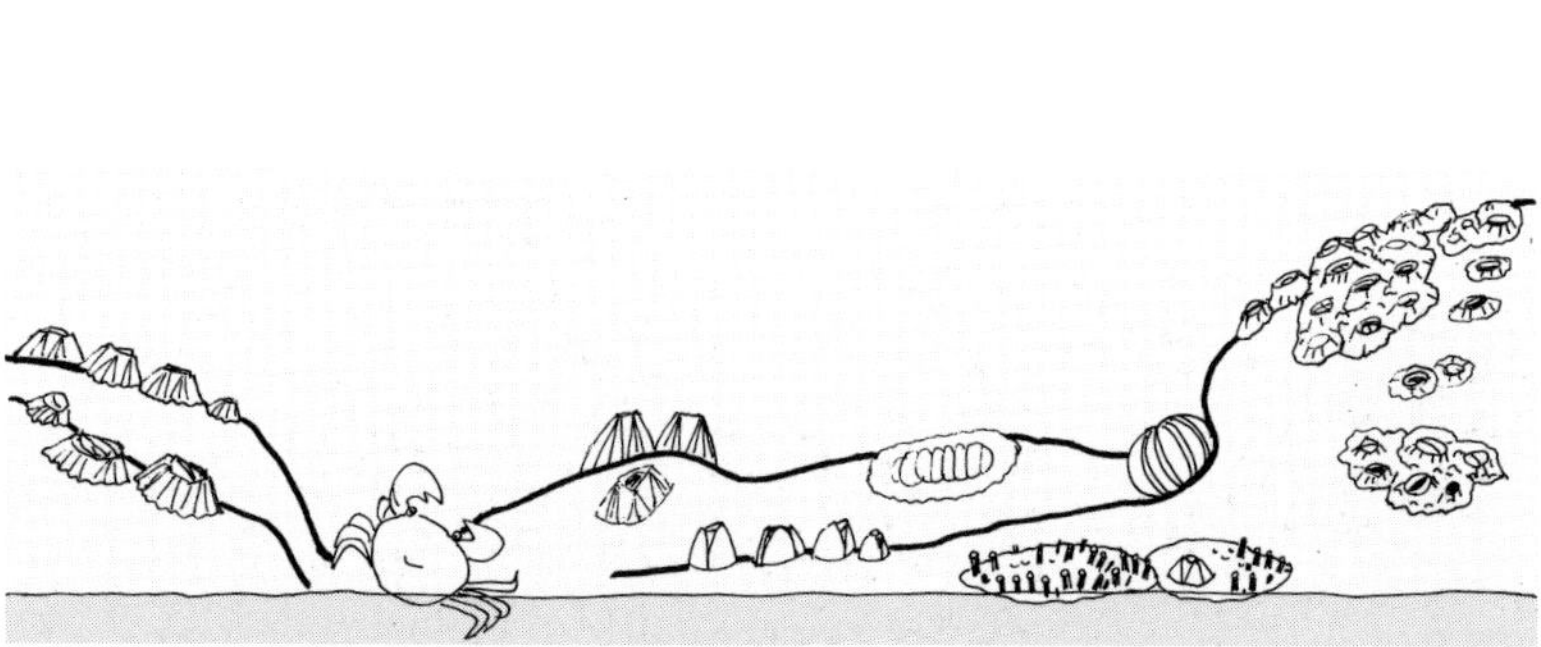

でもあります。甲殻類とはいえ、フジツボは、岩や船などにくっついてしまい、一生、その場所をうごかない生活を送ります。殻の中から、熊手のような形をした蔓脚《まんきゃく》を蔓のように伸ばし、プランクトンなどを捕食します。

生まれたての幼生は、ノープリウスと呼ばれます。殻から海に向かって放たれ、自由に海を泳ぎます。そして、キプロス幼生に変態し、終の住処となりそうな場所を探します。場所が見つかると、接着剤のようなものを出し、そこに一生定住します。動けなくなるわけですから、将来パートナーとも出会える場所を見込んで探さなくてはなりません。定着した後、熊手のうちのひとつを長～～く伸ばして愛を育むのです。フジツボのこういうライフスタイルを見つけて発表したのは、ジョン・ヴォーガン・トンプソンという動物学者。十九世紀初頭のことで、それぞれの幼生をノープリウス、キプリスと名付けました。

ノープリウス、あるいはナウプリオス(Ναύπλιος)は、ギリシャの男の子の名前。冒険家、危険を賭して海に繰り出す船乗り、という意味だそう。ギリシャ神話にも出てきます。海の神ポゼイドンの子供です。トンプソンはイギリス北部の植物や、鳥に関する本を出したほか、イギリス海軍の西インド諸島行きの船に外科医として乗船し、その間、陸にいるカニをしっかり観察し、海岸におりて、放仔《ほうし》することを初めて説明した、と言われています。ちなみにカニの幼生にゾエアと名付けたのは、フランスのルイ・オーガスティン・ギヨーム・バスク（「バスク」は、カタロニア語で「森」の意味だそうです）。十九世紀

になったばかりの頃です。この頃、フランスを中心に博物学が非常に発達したのですね。

フジツボは、中国でも「藤壺」。殻が籐でできた壺みたいだったからでしょうか。うららさんによれば、クロフジツボの殻が、まさに籐製品の籠。本当に似ている！殻の見た目が富士山のようなので「富士壺」と当て字をすることもあるそうですね。

さて、「藤壺」といえば、『源氏物語』に登場するお姫様。桐壺帝に入内した藤壺中宮と合わせて、三人出ていらっしゃいます。こちらの「藤壺」は、お住まいの「飛香社《ひぎょうしゃ》」のお庭に藤が植わっていて、そのお住まいを「藤壺」と呼んでいたからだそうです。京都御所の建礼門を入りますと、右手に左近の桜、左手に右近の橘、そして、紫宸殿。そこらから左に行くと清涼殿があり、さらにその奥に、この飛香社、つまり藤壺があります。藤壺の中宮が、桐壺帝に見初められたのも、帝の第二子である光源氏が三歳のときに亡くなられた桐壺の更衣の面影があったから。この桐壺もまた、お住まいの「淑景舎《しげいしゃ》」のお庭に桐が生えていたから、ということになっています。この淑景舎は、天皇がお住まいになっている清涼殿からは、紫宸殿をはさんで、奥のまた奥になり、たいへん不便な場所にあります。桐壺帝のお名前は、この桐壺の更衣を寵愛なさっていたことから。とても理想的な君子として描かれていますが、もちろん架空の人物です。

十八世紀末から十九世紀のフランスの博物学の隆盛には目を見張るものがありますが、同じ頃の日本、つまり江戸も負けていません。さまざまな博物関係の書物が出版

なんちゃって
冨嶽三景
みうら版

されています。たとえば、毛利梅園《もうりばいえん》（一七九八〜一八五一）。『梅園草木花譜』『梅園魚譜』など、すばらしい実写スケッチを残しています。また、遊び心も満載で、貝に介の文字を使った『梅園介譜』では、源氏物語五十四帖を貝にたとえたりしています。すてきな絵付きです。そのなかにもフジツボがありますよ。第十四帖の「澪標《みおつくし》」にはカメノテ、第十六帖の「関屋《せきや》」はクロフジツボです。第十五帖の「蓬生《よもぎう》」にはフジツボとあるのですが、うららさんの同定では、くじらにつくオニフジツボのことだそうです。

英語では、フジツボはバーナクル（Barnacle）。そしてアメリカでバーナクルといえば、「船乗りのバーナクル・ビル」と答えるのは、世代が上の方。お若い方たちにとっては、アニメの『スポンジ・ボブ』に出てくる「バーナクル・ボーイ」でしょうね。御年六十八歳の「正義の味方」です。「マーメイドマン」と行動をともにしています。映画のバットマンとロビンのように、です。主人公のボブは海綿。仲良しはヒトデのパトリック。そして、隣人にタコのイカルドがいます。タコなのにどうしてイカかというと、英語では、イカルドはスクィッドワード、つまりイカ（スクィッド）に向かう（トワード）で、タコはイカに進化する途上という意味だから、と作者のステファン・ヒーレンバーグさんが言っていました。もちろんアメリカン・ジョークですよぅ（イカルドは「イカにナルド（なるよ）」ということでしょうか）。

船乗りのバーナクル・ビルは、ポパイの恋敵プルートの原型となりました。もともと

は、サンフランシスコに実際にいた船乗りがモデルになっているそうです。「バーナクル・ビル」という歌も幾種類かありますよ。恋人が、丸顔でショートのカーリーヘアが可愛らしいベティ・ブープです。一九四一年に『船乗りのバーナクル・ビル』という映画にもなりました。真珠湾攻撃の日ですね。ドレミファが禁止され、ハニホヘトと歌うように、とされた年でもあります。でもドレミファはイタリア語で、つまり同盟国の言葉だったんですけれどね。また、その年、日本海洋学会が創立されています。



### 干潟なのに深い！
### 小倉さんのマメ知識

フジツボは船底について歴史まで変えるようですね。

フジツボは船底についたり、発電所の取水・放水設備についたり有害生物として知られていますが、最近では工学や医学の分野で注目の水中接着物質の研究で活躍しています。

また、今回の話の中の『梅園介譜』にあるクジラと共に暮らすオニフジツボは、殻径が十センチくらいにもなる大型のフジツボで、江戸時代肥前国で書かれた捕鯨の本『勇魚取《いさなとり》絵詞《えことば》』の「鯨肉調味方」には、オニフジツボを「セ」として、食べ方が書いてあります。北の海に暮らすミネフジツボも五センチくらいになる大きなフジツボで、青森県陸奥湾などでは養殖が行われています。東北地方の民宿などでは食べられるようです。

小網代でも湾口近くには大きなアカフジツボが見られますので、試食してみてはどうでしょうか。

毛利梅園『梅園介譜』
（国立国会図書館蔵）より
源氏物語五十四帖を貝にたとえた絵
第十五帖「蓬生」はオニフジツボ

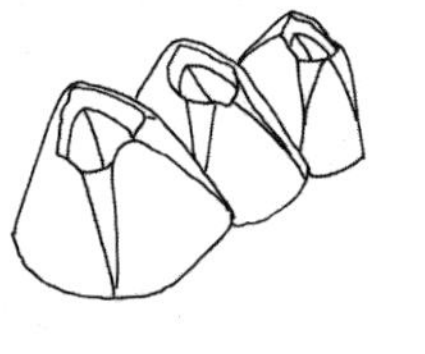

# 鉄の歯と石の目をもつヒザラガイ

貝の仲間、軟体動物は巻き貝、二枚貝など大きく分けると八つのグループがあります。ヒザラガイ類は多板類《たばんるい》といわれ、体は八枚の殻板《かくばん》で覆われています。世界では約八〇〇種で、日本周辺には一〇〇種ほどが知られていますが、今後一五〇種以上になると思われます。ヒザラガイ［*Acanthopleura japonica*（Lischke, 1873）］は漢字では膝皿貝あるいは火皿貝と書きます。また、岩からはがしたときに丸まった形から、ジイガセ（爺が背、石鼈）とも言います。ちなみに、ババガセ［*Placiphorella stimpsoni*（Gould, 1859）］というヒザラガイの仲間もいます。相模湾の潮間帯でも見られます。

ヒザラガイは焼いて食べるとアワビに似た味がするようです。ヒザラガイ類の方言には、南日本で多く用いられていたクズマ系統と、紀伊半島や関東で多く用いられていたコゴ系統があります。三浦でも昔、ヒザラガイをコーゴとかコゴと呼び、ゆでて殻を取り除き、酢の物にして食べていたそうです。ヒザラガイ類はすべて海産で、海岸の岩の上などで生活し、多くのヒザラガイ類は夜の干潮時に休息場所から動き出して、岩の表面に生えている小さな藻類などをヤスリ状の歯（歯舌）で削り取って食べています。そして潮が満ちてくると、元いた場所に戻ってきます。ヒザラガイはさまざまな環境スト

ヒザラガイ

レスや捕食者の危険などを回避するために、体がぴったりと収まる場所や日陰になる場所を確保して、昼間は休息しています。この休息場所を「家」といい、この行動を「帰家行動」といいます。では、どのようにしてヒザラガイたちは「家」に帰ってこられるのでしょうか？　このことを調べる実験が行われています。仮説としては、

（その1）海岸の地形を記憶している。

（その2）移動した距離や道順を記憶している。

（その3）這い痕に残った粘液を道しるべにしている。

（その4）「家」から匂いの信号が出ている。

（その5）体内コンパスを使っている。

などが検討されています。

これまでのところ、這い痕の粘液を道しるべにして帰家しているという仮設が有力ですが、まだよくわかっていません。また、ヒザラガイの場合、帰家率が三〇～四〇パーセント程度と低く、どのような状況で帰家したりしなかったりするのかも不明です。

ヒザラガイ類では、そのヤスリ状の歯（歯舌）に、鉄を成分とするマグネタイト（磁鉄鉱）が含まれていることが知られています。解剖して取り出したヒザラガイの歯舌が、磁石に引きつけられることで確認できるので、試してみたらどうでしょう。マグネタイトは、歯舌の材料となるほかの成分よりもはるかに硬いことから、巻貝の仲間に比べて、より効率的に摂餌する能力をもつことが知られています。しかし、生物の体を作る材

料として非常にまれな物質であるマグネタイトが、ヒザラガイ類の生活にどのようにかかわっているのか、確かなことはわかっていません。ヒザラガイ類のもう一つの注目点は、光感覚細胞を含んだエステート（aesthete　枝状感覚器）と呼ばれる器官が、殻を貫通して表面に分布していることです。しかし、この細胞がどのような役割を果たしているのか、なぜこのような巨大な細胞が必要なのか、ということについてもわかっていません。

### ◎ヒザラガイの目の話

ヒザラガイの目について研究したのはアメリカのダニエル・スパイザーらです。この研究に用いられたヒザラガイは、小綱代《こあじろ》にも暮らしているヒザラガイと非常に近い仲間で、アメリカのカリブ海の近くに暮らしている West Indian fuzzy chiton［*Acanthopleura granulate*（Gmelin, 1791）］というヒザラガイです。ヒザラガイ類の背中の八枚の殻板の表面には、エステートが分布していることが昔から知られていますが、このアメリカのヒザラガイは、さらに、はっきりとした単眼を殻板に見出せるのです。単眼は八枚すべての殻板の全域にわたって分布していて、前方の殻板の上にとくにたくさん見られます。そしてこれらの単眼は、色素層、網膜、レンズをそれぞれ含んでいます。この研究で、ヒザラガイのレンズがアラレ石（鉱物アラゴナイト）から作られていることが判明しました。アラゴナイトは方解石と同じ炭酸カルシウムの結晶です（ほとんどすべての生物のレンズはタンパク質からできています)。

アラゴナイトのレンズは複屈折をします。そして、目をもっているこのアメリカのヒザラガイは、空気中と水中の両方でイメージを捉えることができます。この研究ではヒザラガイの目の光学モデルを用いて解析し、アラゴナイトのレンズによって、水中でも空気中でも焦点の合ったイメージがヒザラガイの網膜にできることが示されています。つぎに、彼らはヒザラガイの空間の視覚のテストを行っています。このヒザラガイは水中にいるときに、黒い円盤が突然現れると反応しました。空気中でのテストでも九度の角度から現れる黒い円盤に反応しましたが、これに対応するグレーのスクリーンには反応しませんでした(明るさの急激な変化)。これらのテストの結果は、ヒザラガイのレンズが水中と空気中の両方でイメージを形成するという光学モデルに矛盾しないことがわかりました。また、他の実験も加えたテスト結果から、このヒザラガイでの視覚によって引き起こされる防御反応が、空間的な情報と全体的な明るさの減少の両方によって影響を受けることもわかりました。さらに、目をもっているヒザラガイと目をもっていないヒザラガイ〔*Chaetopleura apiculata*(Say in Conrad, 1834)〕を用いて、空間の視覚行動の実験を行っています。結果は、目をもたないヒザラガイは明るさの非常に小さな変化に対して敏感で(九度の角度から現れる黒い円盤とこれに対応する明るさの急激な変化にも反応しました)、目をもっているヒザラガイは九度の角度から現れる対象物(黒い円盤)を区別することが可能であることがわかりました(一度と三度では反応しませんでしたが、二七度では黒い円盤にも、これに対応する明るさの急激な変化にも反応しました)。

複屈折のアラゴナイトのレンズをもっているヒザラガイは、水中と空気中の両方でうまくイメージを捕らえることが可能であり、潮間帯で暮らすヒザラガイにとっては、タンパク質からできている目よりもアラゴナイトの目のほうがより有効のようです。

ヒザラガイ類は他の貝類に見られない特徴をもつ一方で、軟体動物のなかでも原始的な特徴をもっています。消化管の蛇行を除いて完全に左右相称であることや、ベリンジャー幼生を経ないでトロコフォア幼生から定着する点★、殻にみられる節構造など、環形動物との共通性が見られます。

ヒザラガイ類はたいへん興味深い生きものです。小網代干潟のイギリス海岸ではいつでも見られる干潟の仲間です。干潟に出かけたときには、ぜひ出会ってください。

★――軟体動物の一般的な発生様式は、卵割後にトロコフォア幼生からベリンジャー幼生を経て成体になります。巻貝類、二枚貝類はこのように発生しますが、ヒザラガイ類ではトロコフォア幼生から変態して成体になります。

# よしはらのゆりかごから

東京開催が決まった二〇二〇年のオリンピックに、トルコも名乗りをあげていました。そのトルコのイスタンブールは、一九三〇年のトルコ革命以後の名前。それ以前は、コンスタンチノープルでした。呼び方が違うのは、国の名前にもありますね。ビルマがミャンマー。セイロンからスリランカ。ザイールは、今はコンゴ共和国だそうです。自国内での呼び方と国際的な名称が違うことも多いですね。たとえば、ジャーマンは、ドイッチェランド。フィンランドはスオミだそうです。ジャパンも、私たちの間ではニホンとかニッポンですね。その昔は、「大八州《おおやしま》」だとか、「敷島」とか。それから大陸からは、「倭」と呼ばれたりしていました。「秋津島」というのもあります。トンボの国という意味だそうです。

『日本書紀』では、私たちの国の名前は「豊葦原千五百秋瑞穂国」。『古事記』には、「豊葦原之千秋長五百秋之水穂国」とあります。「千五百秋《ちいほあき》」は、限りなく長い年月。「千《ち》秋長五百秋《あきながいほあき》」も、同じです。千年も五百年も。実りの秋が何百回も何千回もやってくるのですね。「瑞穂／水穂《みずほ》」は、瑞々しい稲穂ですね。それぞれ、「とよあしはらのちいほあきのみずほのくに」、「とよあしはらのちあきながいほあきのみずほのくに」と

読みます。豊かに葦が生い茂る原が広がり、くる年もくる年も、瑞々しい稲穂が実る国、なわけです。ほぉお。

水辺に葦原が広がるのは、日本の原風景だといえるわけですね。それが、小網代《こあじろ》の干潟にも広がっています。アシ、またはヨシ（葦、芦、蘆、葭／*Phragmites australis*）。池や沼、川辺、湿地や干潟、汽水域に生えるイネ科の多年草です。オギやススキともよく似ています。たいてい人の背丈ほどですが、三メートルくらいになるものもあるそうです。茎が固く、中が空洞で節があります。初めて芽生えたものが、葭《か》。穂がまだ出ていないものを蘆《ろ》（この略字が芦です）。そして立派に育ったものを、葦《い》と呼ぶそうです。そして、縁起をかついで、ということでしょうね、アシは悪しなので、ヨシにしてしまった、とされていますね。平安時代中期にできた『倭名類聚抄《わみょうるいじゅしょう》』や『本草和名』には「蘆葦」や「蘆根」の和名は「阿之《あし》」などという表現が見られます。江戸時代の『本草綱目啓蒙《ほんぞうこうもくけいもう》』では「アシ」とともに「ヨシ」も見受けられます。植物分類学では「ヨシ」が標準和名だそうです。

琵琶湖あたりでは、オギを「アシ」。ヨシを「ヨシ」と呼ぶようですよ。ヨシは、良い葭簀《よしず》ができますが、オギの中は海綿状になっていて、商品価値がないからだそうです。また、使えるヨシをオンナヨシ、ヨシでないものをオトコヨシ、と呼ぶ地方もあるそうです。ウフフ。葦からは、葭簀ばかりではありません。簀《すのこ》もできます。垣根にもなります。藁《わら》の代わり、あるいは、藁といっしょにして屋根を葺くこともできます。藁に比べて、

葦は耐久性や排水性に優れているそうで、葦屋根の家は夏涼しく冬暖かなのだそうです。田んぼには、葦の束を敷き詰めて埋め込むと、田んぼの排水がよくなるそうです。背の高いまっすぐな葦がよいそうです。舟だってできるし。衣類や寝具にもなります。腐葉土に入れると、排水性のすぐれた良質の土ができあがるそうです。紙だってできます。薬にも、したそうですし。若芽は食料にもなったそうです。楽器にもなりますね。葦笛、それから雅楽の篳篥《ひちりき》のリードの部分。ありとあらゆるもの。用途が広いですね。燃料にもなります。でも、今では、利用も手入れもしなくなったので、良質な葦が取れないとか。

初冬に、葦を刈り取ったあと、葦原に生えていた草を乾燥させ、火をつけて焼きます。これで、病気のもととなるものや、葦がまっすぐ伸びるためにおジャマになるものが煙になってしまうわけです。葦は地下茎なので、大丈夫なのだそうです。春になると若芽がすくすく伸びてくるのですね。「よし焼き」と呼ぶそうです。今では、珍しい風景になってしまいました。煙がご近所迷惑だからでしょうか。渡良瀬《わたらせ》遊水池では、よし焼きの日を予告して、ホームページなどでも周知をはかっていますね。未来に伝えるべき大切な行事と考えるからですね。その日は洗濯物を干さないように、窓の開閉に注意とのことです。スマトラでも焼き畑農業を行っていますが、ついこの間まで、シンガポールなどが、スモッグで、それはたいへんだったそうです。共存できる方法が見つかることを願うのみです。

葦を刈り取った後の短いひと節（ひとよ）に切ない恋心を託した歌が、百人一首に、ありますよ。

難波江の　葦のかりねの　一夜《ひとよ》ゆゑ
身をつくしてや　恋ひわたるべき

難波江は大阪淀川下流域あたり。歌枕です。以下、それぞれの言葉の意味が二重にあります。「かりねのひとよ」は、葦の刈根の一節／仮寝（ゆきずり）の一夜。「みをつくし」は、澪標／身を尽くす。澪標（澪つ串）の澪は水路。水路に杭を打ち込んで、小舟の航路がわかるようにしたものです。大阪市の市章が澪標です。京阪電車の社章にも。

さて、句は、一夜かぎりのかりそめの恋のはずだったのに、身を尽くし、ずうーっと先の先まで、恋し続けるのでしょうか。となりますね（恋のアルアル？）。同じ句を干潟バージョンで読んでみましょうか。淀川下流には、葦を刈った後の一節があるから、澪標をたよりに、（そして、恋でなく「請い」と読んでしまって、）お願いですからぁ、という気持ちで、舟で航ることだなあ。というのはどうでしょう？　このお願いは、舟が乗り上げて、転覆しないように、気をつけながら、とも取れるし。あるいは、また、来春も良い葭（若芽）が芽吹きますように、という祈りをこめながら、舟でゆく、というのはどうでしょう？（干潟アルアル!!）さて、恋の句なのか、干潟の生きもの万歳の句なのか。

大阪市の市章

皇嘉門院別当《こうかもんいんのべっとう》という平安貴族女性の句です。

恋の原風景として描かれた葦原は、まさに、いのちの原風景でもあります。水辺があると、まず最初に棲み始めるのが葦なのだそうです。そして水辺が葦原になると、棲み易くなるのでしょうか。そこに、オギやマコモなど、別の植物も、やってくるそうです。水がきれいになるからかもしれません。葦の水中の茎についた菌や微生物は、水の汚れを分解してくれるでしょうし。葦そのものも、水中の窒素やリンを養分として吸い取りますし。葦が水の流れを弱くして、それで汚れが下に沈み、澄んだ水辺になる、ということもあるでしょうか。ヤナギやハンノキといった樹木もいっしょに生えるそうです。そうなってくると、鳥や魚たちにとっても、格好の隠れ場所になりますね。魚の卵もたくさん産みつけられ、大きくなるまで暮らすそうです。ヨシノボリやスジエビなども葦原を住所にしているそうですよ。ホタルの餌になるカワニナも葦にくっついているそうですし。まさに干潟のゆりかごです。これをヨシ群落と呼ぶそうです。

山本周五郎の『青べか物語』でも、葦原の心地よさが描かれていますね。

月はかなり西に移ってい、空には雲の動きも見えた。
岸の草むらでは虫のなく声がしきりに聞こえ、
微風が葦をそよがせると、葉末から露がこぼれ、空気がさわやかな匂いに満たされた。

江戸川のこの一帯、その風景の一部は、今では、三番瀬《さんばんぜ》として保全されています。

ところで、葦原、ヨシハラ（あるいはアシハラ）と読みますよ。念のため。ヨシワラと読むのは、現在の東京千束町のあたり。江戸幕府認定の遊郭です。吉原という漢字を当てます。これも、辺りが葦原だったから。やはり、縁起をかついで、葭原から吉原に。芝居町と並び、江戸時代の一大エンターテイメントセンターでした。ひと足はいれば、貴賤上下なしのワンダーランド（だったはず）です。お芝居の歌舞伎は、平成の今、日本を代表する文化なのに、吉原ときたら。と、忘れられていく吉原遊郭文化を嘆いていたのは、池波正太郎さん。二〇一三年秋、大英博物館では、この時代の美術（枕絵です）の特別展が、鳴りもの入りで、開かれましたが、日本では、なんだかの陳列が罪とかの法律にふれてしまうので、宣伝もできなかったそうですね。おやおや。

干潟なのに深い！
## 小倉さんのマメ知識

初夏の小網代の葦原はアシとアイアシの緑がきれいです。

葦原に暮らす生きものの代表は、昔からアシハラガニなどのカニでしょう。

『万葉集』には「難波乃小江ノ葦河爾……」とあり、『和名類聚抄《わみょうるいじゅしょう》』（『和名抄』）にも「葦原蟹」とあるようです。小網代でもアシハラにアシハラガニやハマガニが暮らしています。アシハラガニは雑食性が強く多様な餌を食べていますが、ハマガニは季節的に変動する葦の葉や茎を主食にしています。アシハラガニの繁殖期は夏ですが、ハマガニは冬です。ハマガニは葦が枯れて食べ物がなくなる季節を卵、幼生期で過ごし、春、葦原が芽吹く時期から成長します。ハマガニの方が、アシハラガニよりも葦に依存した生活をしているようです。小網代の葦原では、ここ数年ハマガニの数が増えています。小網代の葦原が元気になってきたのでしょうか。

# 世界のあちこちで葦笛、世界中に葦原

最近の夏は難い暑さの日々が続きますね。昭和ヒトけたの東京も、暑かったようですね。その様子を『夏』という随筆に残したのが、物理学者の寺田寅彦。漱石の『吾が輩は猫である』の水島寒月のモデルだと考えられている学者さんです。猫の飼い主、くしゃみ先生の学生です。

街路のアスファルトの表面の温度が華氏の百度を越すような日の午後に大百貨店の中を歩いていると、私はドビュシーの「フォーヌの午後」を思いだす。一面に陳列された商品がさき盛った野の花のように見え、天井に回るファンの羽ばたきとうなりが蜜蜂を思わせ、行交《ゆきか》う人々が鹿のように鳥のようにまたニンフのように思われてくるのである。あらゆる人間的なるものが、暑さのために蒸発してしまって、夢のようなおとぎ話の世界が残っているという気がするのである。

文中、華氏百度というのは、摂氏の三十八度ほど。当時のデパートは、冷房もなかったのですよね。暑さで、デパートが、森に変わってしまうのですね。ニンフ、というのは、トビケラやカゲロウの幼虫のことではなさそう。ギリシャ神話に出てくる女神様たちのことですね。このニンフたちを、半分ヤギ、半分人間の姿をしたローマ神話の豊穣の精霊、フォーヌが追いかけるのです。その情景を十六行詩、『半獣神《フォーヌ》の午後 *L'Après-midi d'un Faune*』にしたのが、フランス象徴主義《サンボリズム》の詩人マラルメ。この詩に触発されて、ドビュッシーが『「牧神《フォーヌ》の午後」への前奏曲 *Prélude à "L'après-midi d'un faune"*』という管弦楽曲を作り、明治二十五〜二十七年にかけて、発表しました。東京に日比谷公園ができた頃です。けだるく官能的な雰囲気がフルートで表現されています。

上品でイケメンなフォーヌは、縦笛の名手でもあったようで。その笛でニンフたちが踊るのです。ショームというルネサンス期の木管楽器のもとになっているものだろうと考えられています。ショームという言葉のもともとは、ギリシャ語のカラモス **κάλαμος** (**kalamos**) です。さて、この言葉の意味ですが。そう！「葦」という意味です。ラテン語では **calamus** です。つまり、ニンフが聞いていたのも、葦でできた笛、だったわけです。実際のショームの起源ですが、トルコのズルナという笛ではないか、いやいや、エジプトからやってきたのでは、ポルトガルのチャラッメラではないか、いやいやアラビアの……などなど、なかなかに賑やかです。さて、もうおわかりのように、ラーメンのチャルメラも同じ起源です。葦で笛を作って、ニンフを誘惑してみたり。ラーメンの到着をお知らせしてみたり……。いろいろな場所がその起源としてあげられているのも、東でも西でも、私たち人間の考えたことは似たりよったりだったのでしょ

バーン＝ジョーンズが描いた半獣神（一八七二〜七四年、ハーバード大学付属フォッグ美術館蔵）

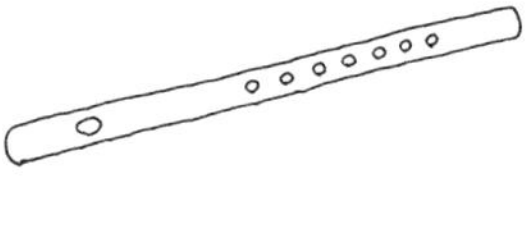

うか。だれもが、葦を切って、よし、これで音を出して遊ぼう‼と考えたのですね。

ショームが進化していくとオーボエになります。プロの笛吹きの方たちは、楽器そのものもそうですが、吹き口につけ、振動させて音を出すリードという舌のような薄片を、それはそれは大事にしていますね。「リード」というのも「葦」の意味。もともと、その昔々、笛自体が葦で作られたからでしょう。リードは、ダンチクという葦に似たイネ科の多年草が、よいとされているようですが、最近は竹も多いそうです。これを、ご自分で削って、微妙な調整するそうですね。削るのには、トクサを使うそうですよ。干潟の住人たち、音楽界でも大活躍ですね。

世界の葦笛は、イケメンばかりがその起源ではございませんで。ギリシャ神話の牧羊神パーンにも、ご登場願わなくては。先ほどのフォーヌなどとも、混同されて、考えられていることも多いそうです。こちらは、ニンフのシュリンクスに片思いをしましたよ。しかし、シュリンクスは葦原に隠れてしまいます。シュリンクスをつかまえようと、葦ごと抱きしめますが、シュリンクスは、ものの見事に逃げてしまって、抱きしめていたのはただの葦束でした。パーンはがっくり。そこへ風が。そうすると葦から、えも言えぬ美しい音が響きました。音楽が大好きだったパーンは、失恋の痛手をものともせず、あるいは、失恋の痛手を乗りこえようと、せっせと葦を何本も刈り、いろいろな長さに切り、それぞれに違う音が出るようにしました。それを束にしてくくり、笛にいたしま

した。パンパイプです。パンフルートと呼ばれることもあります。
こちらの進化形は、パイプオルガンですよ。つまり、パイプオルガンも、もともとは葦笛が起源、ということですね。原理は、空気を送りこみ、音を出します。子供の頃、ラムネを飲み終わった後、必ず、やりましたよね。瓶を口につけて、ポォウホォウという音を出すの。あれをやらずには、飲み終わったことにならない、というくらいでしたよね。

このパンパイプの類似形も、また、世界中に散らばっています。アラブのナイ。それからルーマニアにもナイ。ルーマニアのナイは、日本でもザンフィルという演奏家がCDを出しているそうです。南アメリカのケーナ。これも、もともとは葦で作られていたそうです。また、アンデスのサンポーニャ。葦原は少し遠かったでしょうね。こちらは、コンドルの羽軸かもしれません。モーツァルトのオペラ『魔笛』で鳥刺パパゲーノが吹いているのも、明らかにパンパイプ。実際にはフルートが演奏しています。この楽器の起源は石器時代にまでさかのぼるかもしれないそうです。

おそらく、パンパイプはヨーロッパからシルクロードを経て中国に渡ったのでしょうか。あるいは、その逆のルートも考えられるでしょうか。中国にも、古代から伝わる排簫《パイシャオ》という楽器があります。これが日本にもやって来ました。正倉院の御物の中にも、パンパイプに似たようなものがあるそうです。また、正倉院の『墨絵弾弓図《すみえのだんきゅうず》』には、排簫を演奏する楽人が描かれています。二〇〇七年第五十九回正倉院展の展示です。



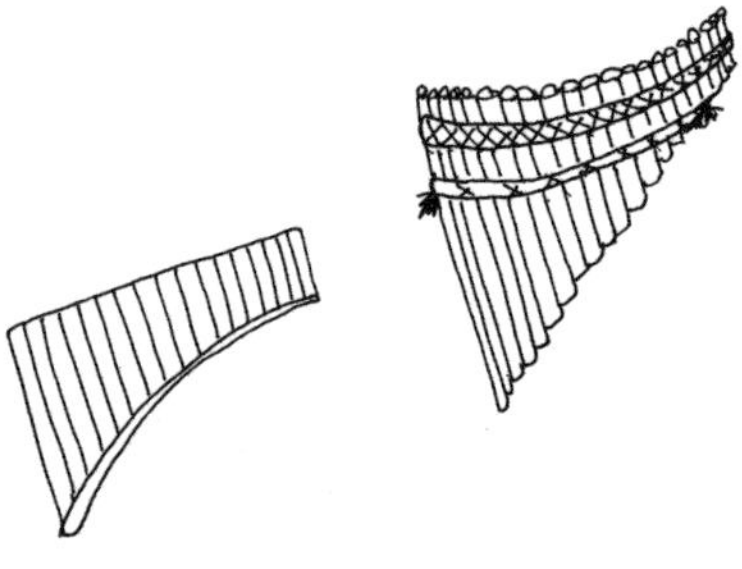

正倉院宝物『墨絵弾弓図』より
排簫を演奏する楽人

日本では笙という字を使いますね。鳳笙という美名を使うそうです。楽器の形が、鳳凰が翼を広げた様子に似ているからですね。清少納言も、笙のその美名のように、天から届くような美しい音色を気にいっていたようです。

笙の笛は、月のあかきに、車などにて聞き得たる、いとをかし

（『枕草子』笛は）

雅楽で使われる楽器に篳篥《ひちりき》もあります。こちらは、「舌（リードのことです）」に葦が使われています。篳篥の音程は、お寺の鐘を照準とするそうです。京都と妙心寺と知恩院の梵鐘の音で、楽器の音程を決めるのです。

葦は世界の音楽のルーツなのですね。つまり、これは世界のあちこちで葦原が広がり、文明が生まれたということでしょう。全人類のふるさと、アフリカの神話でも、たとえば、ウクルンクルという神さまは、葦原から生まれたとされています。ユダヤの民をエジプトの奴隷から解放に導いたとされるモーゼも、葦原に隠されていて、一命をとりとめました。さらに、エジプトから逃れるときに、海を渡るのですが、この海の水が、左右真っ二つに分かれて陸地が現れたと、『ヘブライ（旧約）聖書』の「出エジプト記」にあります。「十戒」のシーンです。この海は紅海だとされていますが、ヘブライ語で

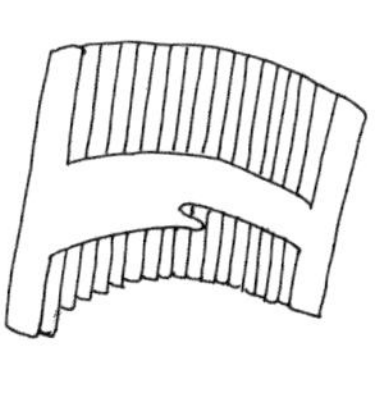

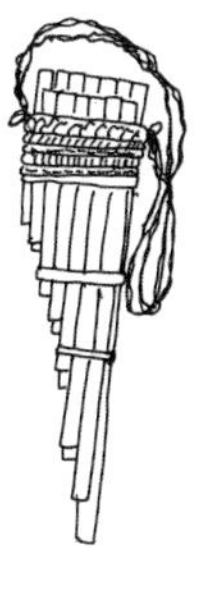

は「葦の海」と書かれているそうですよ。干潟の満潮と干潮を考えますと、あながち、起こり得ないことでもないかも。

この『聖書』では、人間を葦にたとえています。傷ついて倒れてしまうかもしれないが、折れてしまうことはない、ということなのです。そして、私たち人間は、葦は葦でも、「考える葦である」と言ったのは、十七世紀フランスの哲学者、パスカルです。『パンセ』に書かれています。考える。大事ですね。ナチスに関して「悪というのは、人間の邪心から生まれるのでなく、人間が考える、ということを（集団で）やめたときに生まれる」と言ったのは、自らも収容所に入れられながらも、ナチス戦犯を厳しく糾弾することをしなかったハンナ・アーレント。ハイデガーの弟子です。

さて、フォーヌは、葦を刈って、笛を作り、ニンフたちと楽しいひと時を過ごしましたが、万葉人と「葦」も、なかなかにロマンチックですてきです。『万葉集』の一句をご紹介して、終りたいと思います。

難波人　葦火焚く屋の　煤してあれど
おのが妻こそ　常めずらしき
作者未詳　巻十一―二六五一

水の都に住む難波の人たちが、葦火を焚く部屋のように、煤けて古びているけれど、私の妻は、いつもいつも可愛いんだよ。という意味。解説不要でしょう。

干潟なのに深い！
**小倉さんのマメ知識**

干潟で笛を吹く貝もカニもいないようですが、小網代の葦原近くで見られるシオマネキは、英名では fiddler crab 。バイオリン弾きですね。日本でも沖縄の八重山地方の民謡『やくじゃーま節』では三味線《サンシン》を弾くカニとして歌われています。「うさいぬ泊ぬヤクジャーマ作田節ばみよーる……」この中でヤクジャーマはベニシオマネキ、シラカチャは小網代でも見られるハクセンシオマネキのようです。

この民謡も葦笛と共に、小網代の干潟で聞いてみたいものですね。

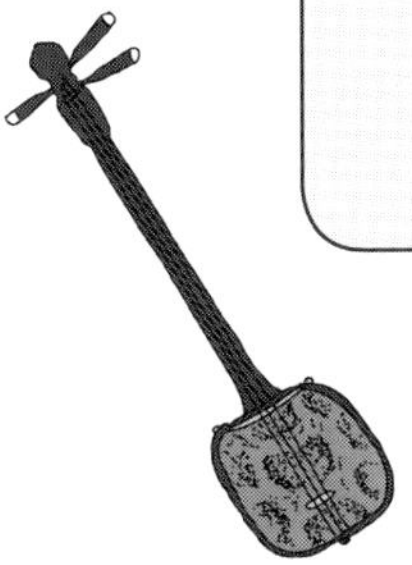

## 最後に、「ラムサール条約」から考える

最後に、「ラムサール条約」から、少し考えてみようと思います。本書の最初の「そもそも、干潟ってなんだろう?」でも言及されていますが、ラムサール、というのはイランにある町の名前です。一九七一(昭和五十六)年に、このラムサールで、水鳥と湿地に関する国際会議が開催されました。日本は、ちょうど、高度経済成長を遂げている頃でした。この会議の結果、「特に水鳥の生息地として国際的に重要な湿地と干潟に関する条約」が採択されます。そして、採択された条約は、町の名前にちなみ、「ラムサール条約」と呼ばれることになったのです。生物多様性にとんだ重要な湿地や干潟を世界各国が保全し、その恵みを賢く利用していくことが目的です。日本は一九八〇(昭和六十四)年に締約国となりました。

干潟や湿地を保全していることは、国際的にも重要なことで、そのためにも条約を締約することが必要だと考えられたのです。なぜ、湿地や干潟が大切なのでしょうか。湿地同様、干潟は生物多様性のゆりかごとなります。また、海水も浄化してくれます。最近では、波の直接の干渉を和らげてくれることから、防災にも、多いに役立つと考

えられ始めました。それに、なんといっても私たち人類の原風景でありますよね。さて、では、なぜ、それを国際的にやらなければならないのでしょうか。答えは簡単です。海はひとつだからですね。水の循環や渡り鳥、魚などの生きものの移動によって、湿地や、干潟はほかの国、ほかの地域の生態系とつながっているからなのです。

二〇一四年六月現在、ラムサール条約加入国数は一六八。ラムサール条約湿地として登録されているのは、二一八二に及びます。日本では、四十六箇所がラムサール湿地として認められています。

本書が、少しでも干潟の愉しさ、そして、私たちが、干潟と関わってきたあり方を、今いちど、思いおこしていただく契機になりましたら、幸いです。

# あとがき

前著『小網代の森の住人たち』を上梓いたしましてから、三年《みとせ》が過ぎ、その間に、保全が決まった小網代の森の整備も進みました。干潟は小網代の森からの贈り物です。森の保全と再生に携わってくださっているみなさまにお礼を申し上げます。

鬱蒼としていた森は明るくなり、フデリンドウやセキショウの花があちこちで微笑んでくれます。何よりの驚きは、谷を下っていくと、それは見事な湿原に戻ってきていることです。干潟で、生きものの観察をしておりますと、海はこの豊かで清冽な水を湛えた森に守られ、育まれていることを感じます。日本の誇る湿原探検家だった西丸震哉先生によると、湿原は私たちの「心のふるさと」です。私たちの祖先は、薮をこいでこいで、やっとのこと湿原を見つけ、安住の地としたのだそうです。三浦半島の「心のふるさと」の回復は、小網代野外活動調整会議の岸由二先生のお力ならでは。深謝申し上げます。

今回の上梓でも、いろいろな方々に支えていただきました。連載発表の場を与えてくださいました『つうしん』の橋美千代編集長、資料をいただきました仲澤イネ子氏、宮本美織氏を始め、小網代の森と干潟を守る会のスタッフのみなさまにお礼を申し上げます。そしてなにより、会員のみなさま。記事を楽しみにしてくださっているとのお便り、とても励みになります。いつも、いつも、ありがとうございます。三年の間には、病気療養中でした仲間の野内真理子氏の御寂滅という、悲しいこともございました。どんな小さなものにも美しい「いのち」が宿っていることとの優しさを教えていただきました。感謝とともにご冥福をお祈りいたします。

東京農業大学図書館司書の方々、研究室の伊藤富士子氏にも、お世話になりました。同総研の本村氏、相模原の野下氏にはこの本の上梓のきっかけを作っていただきました。横浜の伊藤建介氏には本作りの楽しさを、伊藤順子氏からは「いのち」に向き合う尊さ、素晴らしさを教えていただきました。心から感謝申し上げます。最後になりましたが、三宅郁子氏へ万謝。慈母が遊子の衣を縫うように、春暉手中で密蜜と、この本を仕立てて下さいました。寸草の心ながら、お礼を申し上げます。

「好奇心が人生を愉しくする」という言葉があります。愉しい時間をもたらしてくれる干潟のすべての生きものに感謝です。

二〇一四年七月

ジポーリン福島菜穂子

小倉雅實

［写真に登場した干潟の住人たち］

p.4：チュウシャクシギ
p.14 上：チュウシャクシギ
2 段目右：チゴガニ、左：タマキビ
3 段目右：フタバカクガニ
左：モンキアゲハ
下：チゴガニの巣穴
p.15 中右：チゴガニ
中左：ヤマトオサガニ
p.36 上：ハクセンシオマネキ
下：マメコブシガニ
p.37 上：フタバカクガニ、下：チゴガニ
p.46 下：ボラ
p.68：アカテガニ
p.69：アカテガニとカラスウリ
p.72：アカテガニとカマドウマ
p.73：アカテガニとナミアゲハ
p.76 上：アオサギ
p.77 下：カワセミ
p.80：タコクラゲ
p.89：オオシマザクラ
p.100 上：スズメウリ
中右：ハマカンゾウ
下：コヒルガオかな？
p.101 下：アキアカネ
p.104 下：アオスジアゲハ
p.122 上：アオサギ
下：チュウシャクシギ
p.123 上：コサギ、下：ボラ

★ p.12, 33, 65, 107, 108, 117 の写真は、小倉雅實撮影。

## 小網代の湿地と干潟

三浦半島の先端に、面積約七〇ヘクタールほどの小さな森があります。小網代《こあじろ》の森です。森の中に源を発する浦の川が、谷を流れています。全長一・二キロの小さな川です。この川の源流から河口の干潟まで、湿地の多い谷間の自然を楽しむことができます。森に降った雨は、木の幹を伝い土に侵みます。地表を伝い、いく筋もの小さな流れとなったものは、やがてひとつとなって森の養分をたっぷりと含んだ川となり、河口にいたって海へと注ぎます。また、砂や土も堆積して、干潟を作ります。小網代の干潟です。小網代では、源流から干潟までが、完全な集水域となっています。関東地方では唯一です。

小網代の森はもともと純粋な自然林ではありませんでした。尾根にはかつて薪や炭にするために利用されていた雑木林があり、下流域には水田の名残りが見られます。人が自然を賢く利用していくことによって、自然もほどよい状態を維持していたわけです。つまり、人が自然に寄り添って生きていた場所だったのです。山仕事や耕作をしなくなって数十年、谷の自然は、変わってきました。もともと湿地であった場所に乾燥が進んでしまったのです。干潟の生物多様性もピンチとなります。いつの日かの人類がしていたように、森に感謝しつつ活用し手を入れていくことで、森の湿地も回復しつつあります。ラムサール条約登録を目指す地元の守る会や非営利団体のおかげで、干潟の生きものの種類もより多く観察されるようになりました。現在この森では、草木やシダなどの植物、昆虫、エビ・カニの仲間、鳥やほ乳類など一八〇〇種類以上、干潟では、絶滅危惧種を含め四〇〇種を超える生物種が確認されています。森、湿原、川、干潟、海の多彩な環境が、生きものたちの多様性を支えています。ラムサール条約湿地として登録される日もそれほど遠くないかもしれません。



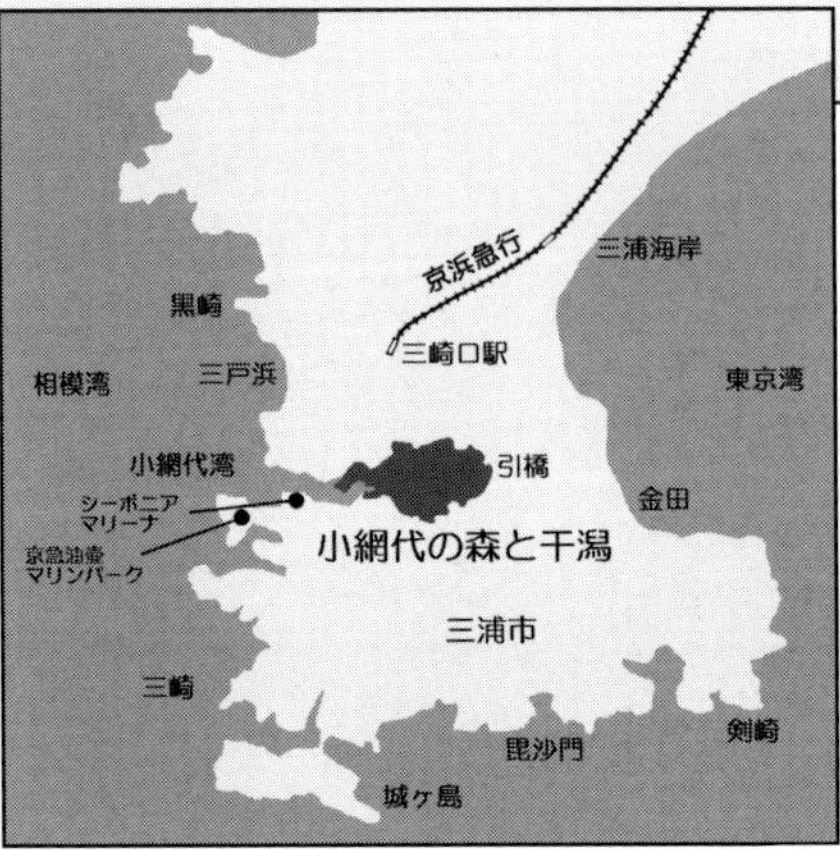

# おもな参考文献


◆そもそも、干潟ってなんだろう？

岸由二『奇跡の自然』八坂書房、二〇一二

岸由二『いのちあつまれ小網代』木魂社、一九八七

新妻昭夫編『ナチュラリスト入門　海からの伝言』岩波書店、一九八九

環境庁野生生物研究会監修『湿地への招待』ダイヤモンド社、一九九〇

「アジア地域の湿地保護の現状」ＩＷＲＢ日本委員会、一九九四

◇待て、待て、マテ貝、潮はもう満ちたかい？

栗原康『干潟は生きている』岩波新書、一九八〇

岡本正豊、奥谷喬司『貝の和名』相模貝類同好会、一九九七

奥田白虎編『川柳歳時記』創元社、一九八三

Gary L. Williams, *Coastal/Estuarine Fish Habitat Description and Assessment Manual*, Associates for Fisheries and Oceans Canada,1989

◆干潟のカニを観察しよう！

小野勇一『干潟のカニの自然史』平凡社、一九九五

Jun Kitaura and Keiji Wada, Evolution of waving display in brachyuran crabs of the genus Ilyoplax, *Journal of Crustacean Biology* 26（4）: 455-462, 2006

◇ヤドカリさん、お住まいとお友だち

オウィディウス『変身物語』岩波文庫

Eric Carle, *A House For a Hermit Crab*, Picture Book Studio, 1986（エリック・カール『やどかりのおひっこし』）

亀崎由美子・亀崎直樹「クレナイヤドカリテッポウエビ *Aretopsis amabilis* De Man の生態に関する知見」『南紀生物』二八、一一〜一五頁、一九八六

Rotjan, Randy D., J.R. Chabot, & S.M. Lewis, Social context of shell acquisition in Coenobita clypeatus hermit crabs, *Behavioral Ecology* 21（3）: 639 - 646, 2010

岡本かの子『観音経を語る』大法輪閣、一九六三

岡本かの子『仏教人生読本』中公文庫、二〇〇一

志賀直哉「宿かりの死」『小僧の神様』講談社青い鳥文庫、一九九三

『咄本大系』全二十巻、東京堂出版、一九七五〜七九

『阿波野青畝句集』巴書林、一九九七

◆小網代干潟の大きなヤドカリ、コブヨコバサミ

朝倉彰「日本とその近海産ヨコバサミ属 *Clibanarius* Dana, 1852 の分類学的研究」『うみうし通信』四七、五〜八頁、二〇〇五

Brian A. Hazle, Recent experience and the shell-size preferene of hermit crabs, *Marine and Freshwater Bhaviour and Physiology*, Vol.28（3）:177-182, 1996

Nick Fotheringham, Structure of seasonal migrations of the littoral hermit crab *Clibanarius*（Bosc）, *Journal of Experimental Marine Biology and Ecology*, Vol.18:47-53, 1975

Floyd Sandford, Population dynamics and epibiont associations of hermit crabs（Crustacea: Decapoda: Paguroidea）on Dog Island, Florida, *Memoirs of Museum Victoria 60*（1）:45-52, 2003

Wendy A. Lowery and Walter G. Nelson, Population ecology of the hermit crab *Clibanarius vittatus*（Decapoda: Diogenidae）At Sebastian Inlet, Florida, *Journal of crustacean biology*, Vol.8（4）, 1988

Masayuki Osawa and Ryuta Yoshida, Two Estuarine Hermit Crab Species of the Genus *Clibanarius*（Crustacea: Decapoda: Diogenidae）from the

Ryukyu Islands, Southern Japan, *Species Diversity* (14): 267-278, 2009

**◆アマガニの正体、ヤドカリのお味はいかが?**

池田壽紀「三浦半島の網と貝(2)」『相模貝類同好会会報』一六、六〜一一頁、一九八四

貝原益軒『大和本草』一七〇九

山下欣二『海の味—異色の食習慣探訪—』八坂書房、一九九八

山下欣二「甲殻類の歴史動物学(6)カニ類5」『海洋と生物』九五、一六巻六号、五〇二〜五一〇頁、一九九四

**◇海にもいろいろ、虎も牛も鹿も、そして兎も**

本庄四郎『生きもの探訪記』北星社、二〇〇四

白石克編『新編鎌倉志(貞享二刊)影印・解説・索引』汲古書院、二〇〇三

Robin D. Gill, *Rise, Ye Sea Slugs!*, Paraverse Press, 2003

復本一郎『俳句の魚菜図鑑』柏書房、二〇〇六

**◆二枚貝、食事のしかたも二通り**

佐々木猛智『貝類学』東京大学出版会、二〇一〇

秋山章男「干潟ベントス群集の機能と生存戦略—二枚貝を中心に—」『遺伝』三九巻五号、二七〜三二頁、一九八五

菊池泰二「サクラガイの受難」『自然』三五巻三号、一八〜一九頁、一九八〇

**◇干潟の遊女は女神さま**

冷泉布美子『冷泉家の花貝合わせ』書肆フローラ、二〇〇七

パウロ・コエーリョ『星の巡礼』角川文庫、一九九八

栗原伸夫『くりさんの水産雑学コラム一〇〇』まな出版企画、二〇〇六

『鳥山石燕画図百鬼夜行全画集』角川ソフィア文庫、二〇〇五

芥川龍之介「蜃気楼」『河童他二編』岩波文庫、二〇〇三

**◆ツメタガイと砂茶碗**

佐々木猛智『貝類学』東京大学出版会、二〇一〇

川名興『日本貝類方言集』未來社、一九八八

奥谷喬司『海の貝50種』ニュー・サイエンス社、一九八五

酒井敬一「貝食性巻貝サキグロタマツメタ防除型漁場の造成に関する研究」『海洋と生物』三四巻三号、二七八〜二八四頁

『干潟の絶滅危惧動物図鑑』日本ベントス学会編、二〇一二

**◇青鷺の名前**

デブラ・フレイジャー『あなたがうまれたひ』福音館書店、一九九九

Erik Hornung, *The Ancient Egyptian Books of the Afterlife*, The Cornell University Press, 1999

Neville Agnew, Preserving Nefertari's Legacy, Scientific American, Oct. 1999

ヘロドトス『歴史』岩波文庫、二〇〇六

井伏鱒二「釣魚余談」『川釣り』岩波文庫、一九九〇

**◇くらげ、泳ぐか、浮かぶか、月を模して漂うか**

『萩原朔太郎・三好達治・西脇順三郎集』筑摩現代文学大系33巻、一九七八

『金子光晴詩集』岩波書店、一九九一

『禅林句集』岩波文庫、二〇〇九

西水庵無底居士『色道諸分難波鉦』岩波文庫、一九九一

三好達治『測量船』講談社文芸文庫、一九九六

(宋)曾造編『類説校注(上・下)』福建人民出版、一九九六

Engineered 'Jellyfish' Mimic, *Nature Biotechnology*, vol. 30 No. 8: 792-797, Nature Publishing Group, August 2012

**◇秋でもさくら冬でもさくら、干潟でもさくら**

佐野藤右衛門『櫻よ―「花見の作法」から「木のこころ」まで―』集英社、二〇〇一

『王朝桜歌千首―牧直視写真集さくら絵巻 別冊―』求龍堂、一九九〇

山田孝雄『櫻史』櫻書房、一九四二

**◇さくらは大島、ひがたは小網代**

『古事談』新日本文学大系41、岩波書店、二〇〇五

『大日本地誌大系 新編鎌倉志・鎌倉攬勝考』雄山閣、一九二九

松岡恕庵『櫻品』文求堂、一八九一

森ひでお『京都の寺社と花木と気象』文芸社、二〇〇三

竹西寛子編『桜』日本の名随筆65、作品社、二〇〇六

稲垣進一『江戸のあそび絵』東京書籍 一九八八

久保田淳編『西行全集』日本古典文学会、一九九〇

**◆海のドングリ、ちょっと変わったフジツボの話**

周藤拓歩「カイメンフジツボ入門」『うみうし通信』六三、四～五頁、二〇〇九

山口寿之、久恒義之「フジツボ類の分類および鑑定の手引き」Sessile Organisms 23（1）: 1-15, 2006

周藤拓歩「カイメンフジツボ入門」Sessile Organisms 25（2）: 94, 2008

『写真でわかる磯の生き物図鑑』トンボ出版、二〇一一

日本付着生物学会編『フジツボ類の最新学』恒星社厚生閣、二〇〇六

**◇動かないフジツボは世界を巡る**

倉谷うらら『フジツボ 魅惑の足まねき』岩波書店、二〇〇九

『図解 世界の「三大」なんでも事典』三笠書房、二〇〇七

『江戸後期諸国産物集成 第15巻』科学書院、一九九六

Robert Gurney, *Larvae of Decapod Crustacea*, Ray Society, 1942

**◆鉄の歯と石の目をもつヒザラガイ**

山下欣二『海の味―異色の食習慣探訪―』八坂書房、一九九八

川名興『日本貝類方言集』未來社、一九八八

川名興「生物方言『シタダミ』の分布についての一考察」千葉県生物学会、『千葉生物誌』二四巻一・二号、一九七五、一～三四頁

『三浦半島の民俗I 神奈川県民俗調査報告4』神奈川県立博物館、一九七一

吉岡英二「多板類の歯と殻」『遺伝』四一巻四号、一九八七、七二～七三頁

西濱士郎「ヒザラガイの家帰行動」『遺伝』五五巻三号、二〇〇一、一〇～一二頁

Daniel I. Speiser, Douglas J. Eernisse, and Sonke Johnsen, A Chiton Uses Aragonite Lenses to Form Images, *Current Biology* 21: 665-670, 2011

**◇よしはらのゆりかごから**

桜井善雄『水辺の環境学』新日本出版社、一九九一

赤坂憲雄ほか『神々のいる風景』岩波書店、二〇〇三

渡良瀬遊水池 http://watarase.or.jp/news/H25yosiyaki/H25yosiyaki.html

**◇世界のあちこちで葦笛、世界中に葦原**

小川正廣『ウェルギリウス アエネーイス 神話が語るヨーロッパ世界の原点』岩波書店、二〇〇九

ブルフィンチ『ギリシャ・ローマ神話』野上弥生子訳、岩波文庫、一九七八

安倍季昌『雅楽篳篥千年の秘伝』たちばな出版、二〇〇八

マジシ・クォーネ『アフリカ創世の神話』竹内泰宏訳、人文書院、一九九二

Lesley Adkins, *Empires of the Plain: Henry Rawlinson and the Lost Languages of Babylon*, St. Martin's Press, 2003

Combining the different approaches we are taking, we both hope to highlight the importance of the tidal flats to our lives, ancient and modern, in this book. The photographs by Matsushita and illustrations by Namimoto not only help our understanding, but also show a deep affection toward the tidal flats and the living thing inhabiting there.

In the Edo era in Japan, for instance, the city of Edo, now Tokyo, was completely surrounded by tidal flats, many of which have already disappeared. This situation can also be found in many other places in the world, and finally in 1971, the Convention of Wetland of International Importance, called the Ramsar Convention, was signed in Ramsar, Iran, for the advocacy of the significance of the wetlands and tidal flats. Though the tidal flat explored in this book is mainly that of Koajiro in Miura peninsula, and some of the species of plant and animal are indigenous to the region, there should also be many aspects that are shared universally. Through this book, we are hoping to share the joy of the tidal flats and their living things with many people in the world. It will be truly amazing!

**Key words:**
tidal flats / cultural environment / resiliency of biodiversity and eco system / Ramsar Convention / Koajiro in Miura Japan



**Illustration:** Harumi Namimoto
**Photograph:** Keita Matsushita

# Amazing Tidal Flats Studies

Masami Ogura
Nahoko Fukushima Ziporyn

This book is about tidal flats, but not merely the tidal flats themselves. It is about all the varieties of living things inhabiting them, receiving the bounty of the ocean, the wetland, the woods nearby and the watersheds flowing into the sea. The tidal flats, where the surf line flows and ebbs, function as the earth's natural cradle of life, nurturing numerous life-forms including us human beings by providing us food for the body as well as for the mind ever since the dawn of civilization. In this sense, this book is also about us human beings, how we have been getting along with the living things around the tidal flats, how we have been surprised to see the change in scenery between the ebbing and flowing of the tide, how we have been rhapsodizing our sentiment reflecting our natural environment, how we have survived utilizing the benefit of the tidal flats.

This book reveals what the tidal flats have brought to us by utilizing the methods of both the humanities and natural science. As a sea-salted marine biologist, Ogura gives specific and informative accounts of everything from the mechanism of the tidal flats to the various species that lives there, including the ones in the red book, while, as a comparativist, Fukushima explores world literature and culture, especially those of East Asia, as well as the music and performing arts that portray these living things sustained by the tidal flats.

【著者】ジポーリン福島菜穂子（ふくしま なほこ）

文学博士（米国ミシガン大学比較文学）。ホモ・ルーデンス。原始人感覚を回復すべく、文学や芸術から、自然環境との寄り添い方を考えるべく、「比較文化干潟学」を絶賛提唱中。東京農業大学准教授。2013年ICASベスト・アコレイド賞受賞。著書に『小網代の森の住人たち』（八坂書房、2011）。

【著者】小倉雅實（おぐら まさみ）

医大勤務時代は、耳鼻咽喉科にて「喉越し」の研究などにも携わる。現在は、干潟の底生生物の種類と個体数の調査、干潟環境の変化に伴う希少生物の状況調査に従事。小網代の森と干潟を守る会役員。特定非営利活動法人小網代野外調整会議理事。

【イラスト】浪本晴美（なみもと はるみ）

森を抜けて潮風に吹かれながら、干潟にうごめく透明感やぬらぬら感やぷにゅぷにゅ感やざらざら感に心躍らせる、なんちゃって落描き派。

【写真】松下景太（まつした けいた）

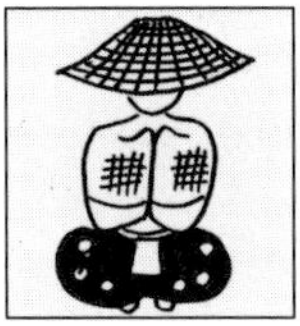

荏原郡千束村の池のほとりから月一のペースで小網代の森・湿地・干潟の生きものと達人に会いに出かけています。ひつじ年。

【表紙作品】高橋伸和（たかはし のぶかず）

始まりから今までの宇宙が現在NOBUという形で意識を働かせています。その意識はすべての集合であり、またすべてに配分されるものです。

　我あるは億千万の創意なり
　　しばしたたずむ無窮の狭間に

# 愉しい干潟学

2014年 7月20日　初版第 1 刷発行

著　　者　ジポーリン福島菜穂子
　　　　　小　倉　雅　實

発 行 者　八　坂　立　人
印刷・製本　シナノ書籍印刷（株）

発 行 所　（株）八　坂　書　房
〒101-0064　東京都千代田区猿楽町1-4-11
TEL. 03-3293-7975　FAX. 03-3293-7977
URL　http://www.yasakashobo.co.jp

ISBN 978-4-89694-178-4